高职高专"工学结合"精品系列教材

Linux服务器项目实训教程

主　编　沈才樑　杜艳明

副主编　俞立峰　毛　颉

宋正江　宋雯斐

主　审　范一鸣

ZHEJIANG UNIVERSITY PRESS

浙江大学出版社

图书在版编目(CIP)数据

Linux 服务器项目实训教程 / 沈才樑,杜艳明主编
.—杭州:浙江大学出版社,2016.12
ISBN 978-7-308-16497-9

Ⅰ.①L… Ⅱ.①沈… ②杜… Ⅲ.①Linux 操作系统
—教材 Ⅳ.①TP316.85

中国版本图书馆 CIP 数据核字(2016)第 304423 号

Linux 服务器项目实训教程
沈才樑　杜艳明　主编

责任编辑　邹小宁
责任校对　余梦洁
封面设计　刘依群
出版发行　浙江大学出版社
(杭州市天目山路 148 号　邮政编码 310007)
(网址:http://www.zjupress.com)
排　　版　杭州星云光电图文制作有限公司
印　　刷　绍兴市越生彩印有限公司
开　　本　787mm×1092mm　1/16
印　　张　9.5
字　　数　237 千
版 印 次　2016 年 12 月第 1 版　2016 年 12 月第 1 次印刷
书　　号　ISBN 978-7-308-16497-9
定　　价　22.00 元

浙江大学出版社发行中心联系方式:0571-88925591;http://zjdxcbs.tmall.com

前　言

随着Linux系统不断进步，在世界范围内Linux开始逐渐流行起来，在桌面领域的使用率已经达到5%，而在服务器市场，Linux操作系统成为当仁不让的霸主，推进Linux服务器系统应用，对于推进国家的信息安全尤为关键。没有网络安全就没有国家安全。这既是今天中国政府的观点，也是世界上大多数政府的共识。十八大提出要高度关注网络空间安全，三中全会又成立了中央网络安全和信息化领导小组，在战略上、组织上为解决网络安全提供了根本保障。我们要改变在网络关键核心技术上受制于人的局面，必须建设自主可控的技术平台。“棱镜门”事件表明，如果操作系统这类软件平台被外国所控制，我国的信息系统、网络系统在外国信息监控计划面前几乎没有防御能力。

为了确保信息安全，中国政府决定推进国产Linux操作系统替代Windows系统，在政府、电信、银行及央企等重要部门开始实施，每年退换15%，力争2020年前取得阶段性成果。这给高职院校提高Linux教学质量提出了紧迫要求，也预示了Linux具有巨大的市场需求空间。

CentOS(Community Enterprise Operating System，社区企业操作系统)是Linux发行版之一，它由Red Hat Enterprise Linux依照开放源代码规定释出的源代码编译而成。由于出自同样的源代码，因此有些要求高度稳定性的服务器以CentOS替代商业版的Red Hat Enterprise Linux使用。两者的不同在于，CentOS并不包含封闭源代码软件。使用CentOS作为教学参考，既可以免费使用社区提供的在线安全更新软件安装，也为学生日后运行维护Red Hat Enterprise Linux提供了强大的技术基础。CentOS 7是当前最新的发行版，所以选用CentOS 7作为Linux服务器操作系统的教学蓝本是合适的。

这是一本基于企业真实场景的项目化的实训教程，本书编写小组充分调研了相关行业、企业的技术需求，书中开发的实训项目和企业的真实需求形成有效对接，为培养学生的职业技术能力提供了坚实的基础。本书的所有实例开发来自相关企业，每一个实例都提供了可供参考的解决方案，所有技术方案都经过严格的测试验证，将会极大地减轻用户在使用中的困惑，为广大师生顺利开展教学提供便利。

本书突出重点，主要介绍了常用Linux服务器安装、配置与应用。可较好地满足初学者入门的需要，不求面面俱到。

本书可作为高职院校计算机类专业学生学习Linux服务器操作系统应用的教材，也可作为本科院校非计算机类专业的普及计算机基础课程的教材，也可作为Linux开源爱好者、Linux中级用户的参考书。

本书由杜艳明、沈材樑任主编，俞立峰、毛頔、宋正江、宋雯斐任副主编。全书由范一鸣教授主审，在此感谢各位参编老师付出的辛勤劳动。特别感谢范一鸣教授在百忙中仔细审订全部书稿，提出许多宝贵的修改意见。胡鑫龙、徐泽奎、王秋红为本书的实训项目实例作了大量实验验证工作，在此一并表示由衷的感谢！

由于时间仓促，书中难免有遗漏和不足之处，恳请广大读者提出宝贵意见，以便再版更正。本书编者的联系方式是 allanduym@163.com，欢迎来信交流。也欢迎参加 Linux 群（QQ群号：113539703）交流，如果你使用本书遇到问题或需要课程资源都可以邮件联系索取。

编　者
2015 年 5 月 28 日

目　录

项目一　Linux 服务器搭建与配置

CentOS 项目正式发布 CentOS 7.0—1406,即是 CentOS 7 的正式版。该版本使用存放于 git.centos.org 上的源码进行构建。所有的源码 rpms 采用相同的密钥进行签名,包括二进制文件。

同时从该版本开始 CentOS 将采用新的版本号规则,其中 1406 表示为 2014 年 6 月。本教材以 CentOS 7 作为实践参照平台。

项目描述

某企业组建了内部网,需要架设一台具有 Web、FTP、DHCP 等功能的服务器来为企业网用户提供服务,现需要选择一种既安全又易于管理的网络操作系统,正确搭建服务器并测试配置。

- 了解 Linux 系统的历史、版权及 Linux 系统的特点
- 了解 CentOS 7 的特点
- 掌握如何组建 CentOS 7 服务器
- 掌握如何配置测试 Linux 网络环境

1.1　背景知识

Linux 系统是一个类似 UNIX 的操作系统,它是 UNIX 在微机上的完整实现,是一个开放自由并符合 POSIX 1003.1 标准的系统,它的诞生、发展和成长与 Minix 操作系统、GNU 计划密不可分;Linux 有其独特的发展历史和特点。

1.1.1　Linux 简介

1) Linux 系统的历史

Linux 系统是一个类似 UNIX 的操作系统,它是 UNIX 在微机上的完整实现,它的标志是一个名为 Tux 的可爱的小企鹅,如图 1-1 所示。UNIX 操作系统是 1969 年由 K. Thompson 和 D. M. Richie 在美国贝尔实验室开发的一种操作系统,由于其良好而稳定的性能迅速在计算机领域中得到广泛的应用,并在随后几十年中被做了不断的改进。

1990 年,芬兰人 Linus Torvalds 接触了为教学而设计的 Minix 系统后,开始着手研究编写一个开放的、与 Minix 系统兼容的操作系统。1991 年 10 月 5 日,Linus Torvalds 在赫尔辛基技术大学的一台 FTP 服务器上发布了一个消息,这也标志着 Linux 系统的诞生。它公布了第一个 Linux 的内核版本——0.0.2 版。Internet 的兴起,使得 Linux 系统的发展进入快车道,很快就有许多程序员加入 Linux 系统开发中。

图 1-1　Linux 的标志

随着编程小组的扩大和完整的操作系统基础软件的出现,Linux 开发人员认识到,Linux 已经逐渐变成一个成熟的操作系统。1992 年 3 月,内核 1.0 版本的推出,标志着 Linux 第一个正式版本诞生。这时能在 Linux 上运行的软件已经十分广泛了,从编译器到网络软件以及 X-Window 都有。现在,Linux 凭借优秀的设计、不凡的性能,加上 IBM、Intel、AMD、DELL、Oracle 等国际知名企业的大力支持,市场份额逐步扩大,逐渐成为主流服务器操作系统。

2)Linux 版权问题

Linux 是基于 Copyleft 的软件版权模式进行发布的,其实 Copyleft 是与 Copyright(版权所有)相对立的新名称,它是 GNU 项目制定的通用公共许可证(General Public License,GPL)。GNU 项目是由 Richard Stallman 于 1984 年提出的,他建立了自由软件基金会(FSF)并提出 GNU 计划的目的是开发一个完全自由的、与 UNIX 类似但功能更强大的操作系统,以便给所有的计算机使用者提供一个功能齐全、性能良好的基本系统。它的标志是角马,如图 1-2 所示。

图 1-2　GNU 标志图

GPL 是由自由软件基金会发行的、用于计算机软件的版权协议许可证书,使用该证书发布的软件被称为自由软件。GPL 保证任何人有权使用、拷贝和修改该软件。任何人取得、修改和重新发布自由软件的衍生作品必须以 GPL 作为它重新发布的许可协议。

小资料:GNU 这个名字使用了有趣的递归缩写,它是"GNU's Not UNIX"的递归缩写形式。

3)Linux 系统的特点

Linux 操作系统作为一个免费、自由、开放的操作系统,它的发展势头迅猛,它拥有如下所述的一些特点:

①完全免费。由于 Linux 遵循通用公共许可证 GPL,因此任何人有使用、拷贝和修改 Linux 的自由,可以放心地使用 Linux 而不必担心成为"盗版"用户。

②高效、安全、稳定。UNIX 操作系统的稳定性是众所周知的,Linux 继承了 UNIX 核心的设计思想,具有执行效率高、安全性高和稳定性好的特点。Linux 系统的连续运行时间通常以年做单位,能连续运行 3 年以上的 Linux 服务器并不少见。

③支持多路硬件平台。Linux 能在笔记本电脑、PC、工作站甚至大型机上运行,并能在 x86、MIPS、PowerPC、SPARC、Alpha 等主流的体系结构上运行,可以说 Linux 是目前支持的硬

件平台最多的操作系统。

④友好的用户界面。Linux 提供了类似 Windows 图形界面的 X-Window 系统,用户可以使用鼠标方便、直观和快捷地进行操作。经过多年的发展,Linux 的图形界面技术已经非常成熟,其强大的功能和灵活的配置界面让一向以用户界面友好著称的 Windows 也黯然失色。

⑤强大的网络功能。网络就是 Linux 的生命。完善的网络支持是 Linux 与生俱来的能力,所以 Linux 在通信和网络功能方面优于其他操作系统,其他操作系统不包含如此紧密地和内核结合在一起的连接网络的能力,也没有内置这些网络特性的灵活性。

⑥支持多任务、多用户。Linux 是多任务、多用户的操作系统,可以支持多个使用者同时使用并共享系统的磁盘、外设、处理器等系统资源。Linux 的保护机制使每个应用程序和用户互不干扰,一个任务崩溃,其他任务仍照常运行。

1.1.2 Linux 体系结构

Linux 一般有 3 个主要部分:内核(kernel)、命令解释层(Shell 或其他操作环境)、实用工具。

1)Linux 内核

内核是系统的核心,是运行程序和管理磁盘、打印机等硬件设备的核心程序。操作系统向用户提供一个操作界面,它从用户那里接收命令,并且把命令送给内核去执行。

当 Linux 安装完毕之后,一个通用的内核就被安装到计算机中。这个通用内核能满足绝大部分用户的需求,但这种普遍适用性内核对具体的某一台计算机来说,可能有一些并不需要的内核程序将被安装。因此,Linux 允许用户根据自己机器的实际配置定制 Linux 的内核,从而有效地简化 Linux 内核,提高系统启动速度。

2)Linux Shell

Shell 是系统的用户界面,提供了用户与内核进行交互操作的接口。它接收用户输入的命令,并且把它送入内核执行。

计算机操作系统在系统内核与用户之间提供操作界面,Linux 存在多种操作环境,分别是:基于图形界面的集成桌面环境和基于 Shell 命令行环境。Linux 系统中的每个用户都可以根据自己的要求定制自己的用户操作界面。

Shell 是一个命令解释器,它解释由用户输入的命令,并且把它们送到内核。Shell 编程语言具有普通编程语言的很多特点,如它也有循环结构和分支控制结构等,用这种编程语言编写的 Shell 程序与其他应用程序具有同样的效果。

同 Linux 本身一样,Shell 也有多种不同的版本。目前 BASH(Bourne Again Shell)是 GNU/Linux 操作系统上默认的 Shell。还有 Korn Shell 和 C Shell 等 Shell 版本。

Shell 脚本程序是解释型的,也就是说 Shell 脚本程序不需要进行编译,就能直接逐条解释、逐条执行脚本程序的源语句。

作为命令行操作界面的替代,Linux 还提供了像 Windows 那样的可视化图形界面——X-Window的图形用户界面(GUI)。比较流行的集成桌面环境是 KDE 和 GNOME。GNOME 是 Red Hat Linux/CentOS 默认使用的界面。

3)实用工具

标准的Linux系统都有配套的实用工具程序,如编辑器、浏览器、办公套件及其他系统管理工具等,用户可以自行编写需要的应用程序。

1.1.3 Linux的版本

Linux的版本分为内核版本和发行版本两种。

1)内核版本

内核是运行程序和管理像磁盘和打印机等硬件设备的核心程序,它提供了一个在裸设备与应用程序间的抽象层。内核的开发一直由Linus领导的开发小组控制着,版本也是唯一的。开发小组每隔一段时间发布新的版本或其修订版,从1991年10月Linus向世界公开发布的内核0.0.2版本(0.0.1版本功能相当简陋,所以没有公开发布)到目前最新的内核3.16.2版本,Linux的功能越来越强大。

Linux内核的版本号命名是有一定规则的,版本号的格式通常为"主版本号.次版本号.修正号"。主版本号和次版本号标志着重要的功能变动,修正号表示较小的功能变更。以3.16.2版本为例,3代表主版本号,16代表次版本号,2代表修正号。其中次版本号还有特定的意义:如果是偶数数字,就表示该内核是一个可放心使用的稳定版;如果是奇数数字,则表示该内核加入了某些测试的新功能,是内部可能存在着BUG的测试版。读者可以到Linux内核官方网站http://www.kernel.org下载最新的内核代码。

2)发行版本

仅有内核而没有应用软件的操作系统无法使用,因此许多公司或社区将内核及相关的应用程序组织构成一个完整的操作系统,让一般的用户可以简便地安装和使用Linux,这就是所谓的发行版本(Distribution)。当前各种发行版本超过300种,它们的发行版本号各不相同,使用的内核版本号也可能不一样,非常流行的发行套件有Red Hat/CentOS、SUSE、Ubuntu等。

1.1.4 CentOS 7的新特性

CentOS 7发布于2014年6月,它是CentOS社区操作系统的第7个重要版本,新版本的主要变化是内核升级为3.10,支持Xen虚拟化技术、集群存储等。CentoOS 7的主要特性如下:

①虚拟化技术。支持在各种平台上的虚拟化技术,在Red Hat Enterprise Linux Advanced Platform上甚至支持存储与扩展的服务器虚拟化技术,还提供了virt-manager、libvit/virsh管理工具。

②内核与性能的提升。CentOS 7基于新的3.10内核,对于多内核处理器的支持更完善,并支持Intel Network Accelerator Technology(IOAT),增强了基于Kexec/Kdump的Dump支持,增强了对于大型SMP系统的支持,增强了管道缓存。

③安全。CentOS 7采用SELinux增强了系统的安全性,并且内置图形化的SELinux管理工具,集成了目录和安全机制,增强的IPSec提供了系统安全和性能,新的审核机制还可以提供搜索、产生报表和实时监控能力。

1.1.5 项目设计准备

中小企业在选择网络操作系统时，首先推荐企业版的 Linux 网络操作系统。主要考虑的是其安全性特点和开源的优势。

1) Linux 多重引导

Linux 和 Windows 间的多系统共存有多种实现方式。可以先安装 Windows，再安装 Linux，最后用 Linux 内置的 GRUB 引导程序来实现多系统的引导，这种方式实现起来最简单。

任意先安装 Windows 还是 Linux，最后经过特殊的操作，使用 Windows 内置的 OS Loader 来实现多系统引导；或者使用第三方软件来实现 Windows 和 Linux 多系统的引导。这种方式实现起来稍显复杂。

2) 安装方式

任何硬盘在安装操作系统前都要进行分区。硬盘的分区类型主要有两种：主分区和扩展分区。一个 CentOS 7 提供多种安装方式，分别如下：

①可以从 DVD 光驱启动安装，绝大多数情况下最为简单快捷的安装方式当然是光驱启动进行安装，需要下载 CentOS 7 光盘映像文件并刻录启动光盘，计算机 BIOS 需要设置光驱为优先启动项。

②从硬盘安装，即下载镜像文件直接在机器上安装，这是比较环保的安装方式，也容易实现。

③从网络服务器安装，在有网络的环境下从网络安装也是一个不错的选择，CentOS 7 支持 NFS、FTP、HTTP 等 3 种安装方式。

3) 磁盘分区规划

(1) 磁盘分区简介

硬盘上最多只能有 4 个主分区，其中一个主分区可以用一个扩展分区来替换。也就是说主分区可以有 1 ~4 个，扩展分区可以有 0 ~1 个，而扩展分区中可以划分出若干个逻辑分区。

目前常用的硬盘主要有两大类：IDE 接口硬盘和 SCSI 接口硬盘。IDE 接口的硬盘读写速度比较慢，但价格相对便宜，是家庭 PC 常用的硬盘类型。ISCSI 接口的硬盘读写速度比较快，但价格相对较贵。通常，要求较高的服务器会采用 SCSI 接口的硬盘。一台计算机上一般有两个 IDE 接口(IDE0 和 IDE1)，在每个 IDE 接口上可连接两个硬盘设备(主盘和从盘)。采用 SCSI 接口的计算机也遵循这一规律。

Linux 的所有设备均表示为/dev 目录中的一个文件，如：

IDE 接口上的主盘称为/dev/hda；

IDE 接口上的从盘称为/dev/hdb；

SCSI 接口上的主盘称为/dev/sda；

SCSI 接口上的从盘称为/dev/sdb；

IDE 接口上主盘的第 1 个主分区称为/dev/hda1；

IDE 接口上主盘的第 1 个逻辑分区称为/dev/hda5。

由此可知,/dev 目录下“hd”打头的设备是 IDE 硬盘,“sd”打头的设备是 SCSI 硬盘。

(2)分区方案

对于初次接触 Linux 的用户来说,分区方案越简单越好,所以最好的选择就是为 Linux 装备两个分区,一个是用户保存系统和数据的根分区(/),另一个是交换分区。其中交换分区设置为机器物理内存 2 倍大小即可;根分区则需要根据 Linux 系统安装后占用资源的大小和所需要保存数据的多少来调整大小,一般划分 15 ~ 20GB 就足够了。

1.2 项目解决方案与实施

任务 1 安装 CentOS 7 Linux 系统

安装前先在目标系统上安装 virtualbox 虚拟机,可以在 www. virtualbox. org 网站免费下载 virtualbox 虚拟机。安装后如图 1-3 所示。

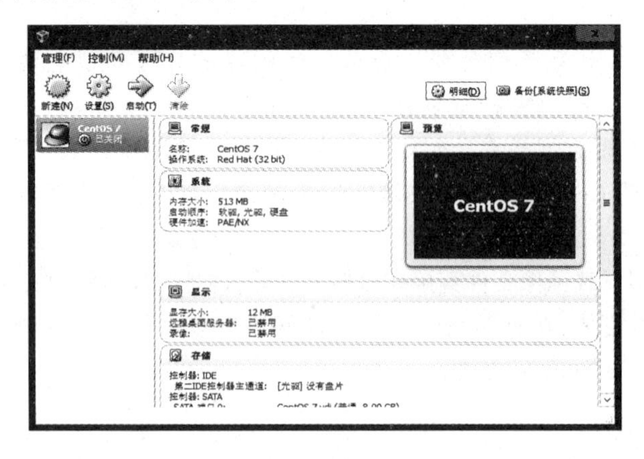

图 1-3 在 virtualbox 安装 CentOS 7 Linux 系统

然后单击如图 1-3 所示的“新建”按钮,创建一个 Linux 类型的 Red Hat 32bit 版本虚拟电脑,然后单击“启动”按钮(如图 1-3 所示),选择安装 CentOS 7 的镜像文件,如图 1- 4 所示,进入 CentOS 7 安装开始界面。

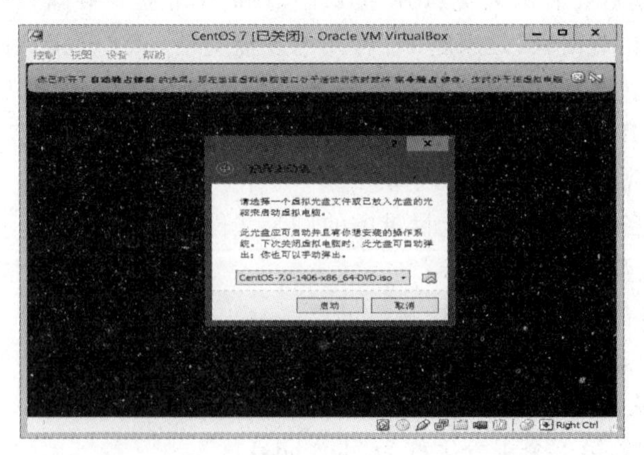

图 1- 4 安装 CentOS 7——启动盘选择界面

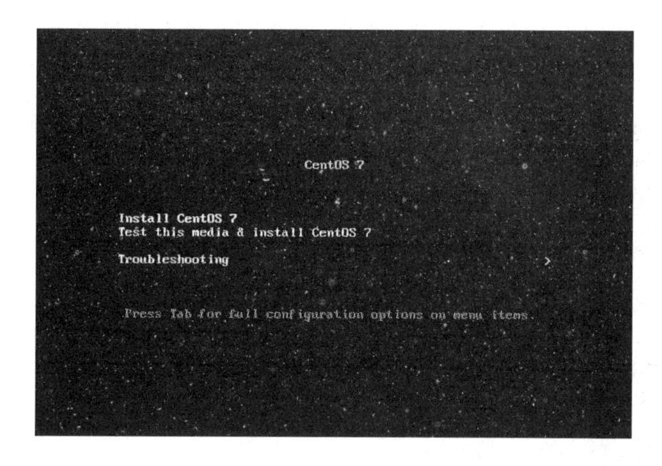

图 1-5　安装 CentOS 7——选择安装方式

选择安装方式，我们在这里选择默认的安装方式，如图 1-5 所示，使用光标键选择第一种安装方式，按回车键，继续安装。系统开始检测系统硬件、系统启动引导，并在屏幕上提示相关信息，如图 1- 6 所示，完毕后弹出一个语言选择窗口，如图 1-7 所示。

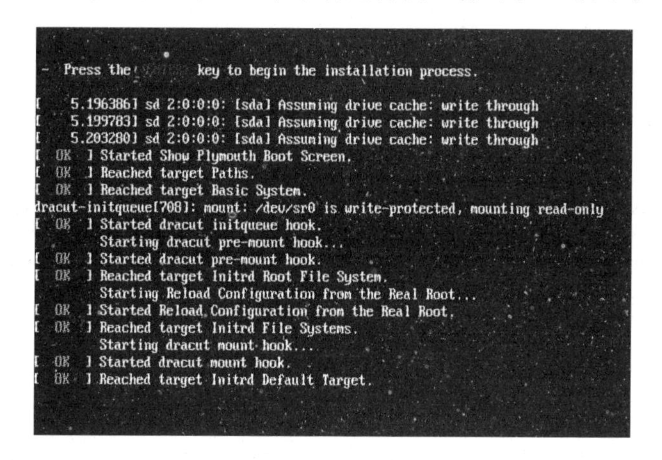

图 1- 6　CentOS 7 安装程序检测硬件与系统引导中

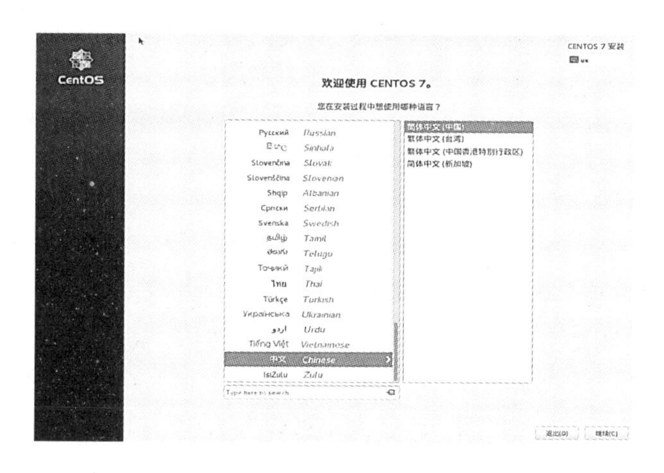

图 1-7　选择系统所采用的语言

在图 1-7 中,单击左侧“中文 Chinese”选项,并在右侧界面选择“简体中文(中国)”;单击右下侧“继续”按钮,进入安装信息摘要界面,如图 1-8 所示。

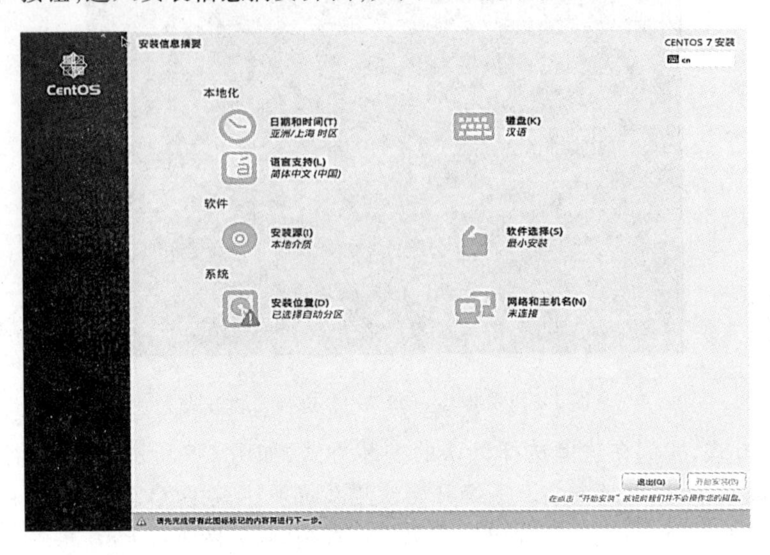

图 1-8　安装信息摘要界面

在图 1-8 所示“安装信息摘要”里,依次设置相关选项,这里先单击“软件选择”选项,并参考图 1-9 所示的设置进行配置,选择好要安装的软件集合,单击左上侧“完成”按钮,返回到图 1-8 所示安装信息摘要界面。

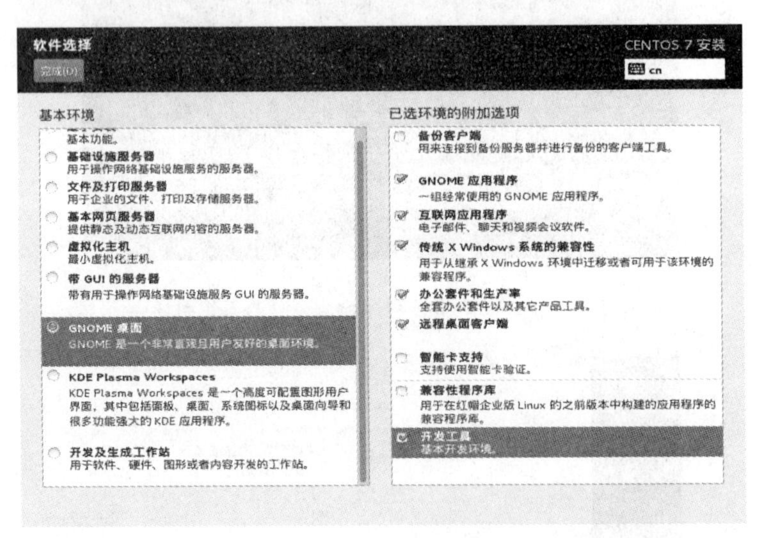

图 1-9　安装软件集选择

接着单击“安装位置”选项,进入如图 1-10 所示的安装目标位置界面;选中要安装 Linux 系统的硬盘,并选中“我要配置分区”选项,单击左上侧“完成”按钮,进入图 1-11 所示的手动分区设置界面,在这里选择“标准分区”方案,并单击下方的“ + ”按钮,依次创建 swap 交换空间,大小可设置为 2 ~ 4GB;创建根分区,大小可设置为 10 ~ 20GB,文件类型可选择 ext4;依次参考图 1-12 至图 1-14 所示。

图 1-10　安装目标位置设置界面

图 1-11　手动分区设置

图 1-12　添加交换分区

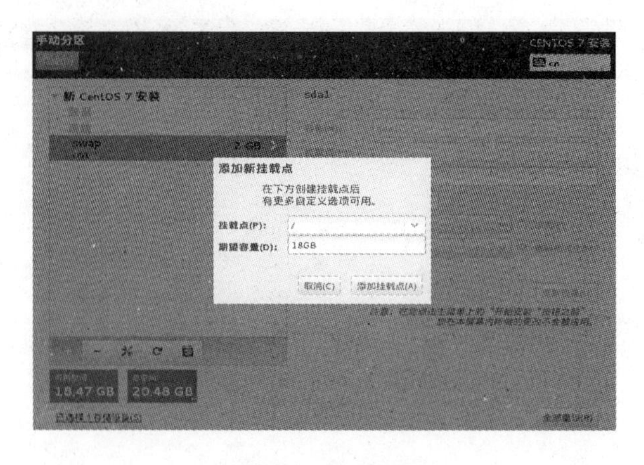

图 1-13　添加根分区

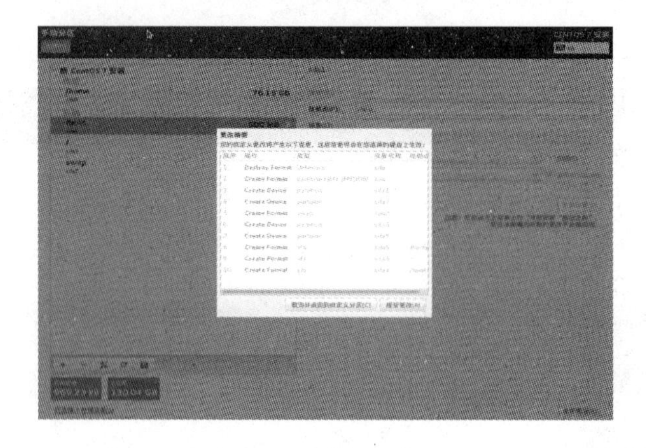

图 1-14　分区设置完成摘要

单击左上侧“完成”按钮，返回图 1-15 所示界面，可依次设置好键盘属性、网络和主机名及语言支持，然后单击右下侧“开始安装”按钮，进入如图 1-16 所示的开始安装进程界面。在这里可以设置好根用户密码，如图 1-17 所示，并可以添加其他用户，如图 1-18 和图 1-19 所示。直至完成 CentOS 7 系统的安装，如图 1-20 所示。系统安装完成后，重启系统。

图 1-15　安装信息完成摘要

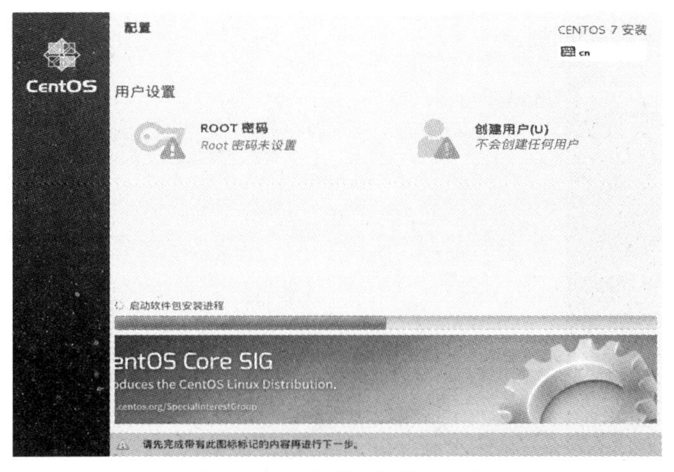

图 1-16　启动系统软件包安装

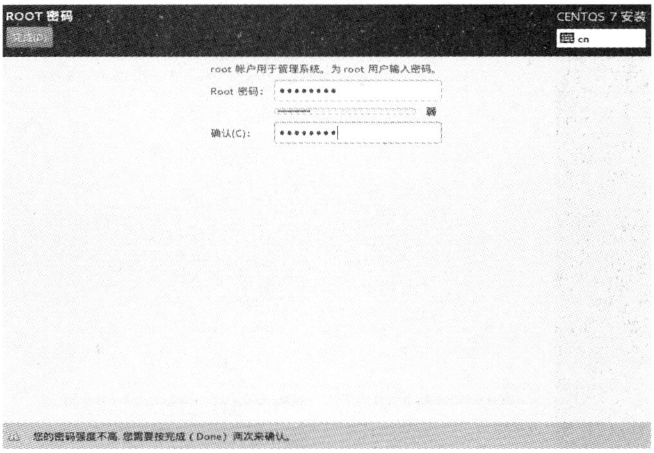

ROOT 密码
完成(D)
CENTOS 7 安装
cn
root 帐户用于管理系统。为 root 用户输入密码。
Root 密码：••••••••
弱
确认(C)：••••••••
您的密码强度不高。您需要按完成（Done）两次来确认。

图 1-17　设置根用户密码

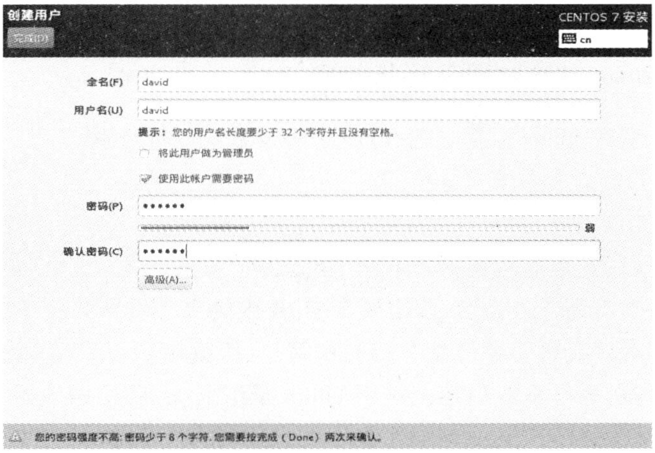

创建用户
完成(D)
CENTOS 7 安装
cn
全名(F)　david
用户名(U)　david
提示：您的用户名长度要少于 32 个字符并且没有空格。
将此用户做为管理员
使用此帐户需要密码
密码(P)　••••••
弱
确认密码(C)　••••••
高级(A)...
您的密码强度不高：密码少于 8 个字符。您需要按完成（Done）两次来确认。

图 1-18　创建新的用户及设置密码

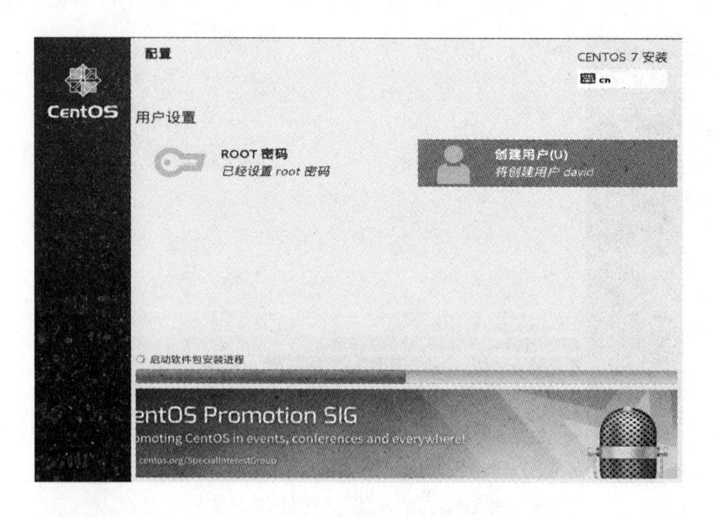

图 1-19　根密码及其他用户创建完成

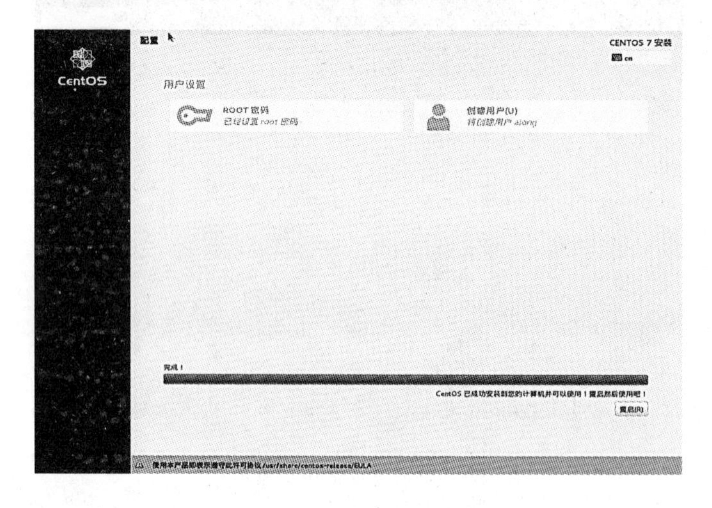

图 1-20　CentOS 7 安装完成

任务 2　设置 Linux 启动过程及运行级别

本小节将重点实践 Linux 启动过程、INIT 进程及系统运行级别。

1）启动过程

CentOS 7 Linux 的启动过程包括以下几个阶段：

①主机启动并进行硬件自检后，读取硬盘 MBR 中的启动引导器程序，并进行加载。

②启动引导器程序负责引导硬盘中的操作系统，根据用户在启动菜单中选择的启动项不同，可以引导不同的操作系统启动。对于 Linux 操作系统，启动引导器直接加载 Linux 内核程序。

③Linux 的内核程序负责操作系统启动的前期工作，并进一步加载系统的 INIT 进程。INIT 进程是 Linux 系统中运行的第一个进程，该进程将根据其配置文件执行相应的启动程序，并进入指定的系统运行级别。

④在不同的运行级别中,根据系统的设置将启动相应的服务程序。

⑤在启动过程的最后,将运行控制台程序提示并允许用户输入账号和密码进行登录。

2) INIT 进程

INIT 进程是由 Linux 内核引导运行的,是系统的第一个进程,其进程号(PID)永远为"1"。INIT 进程运行后将作为父进程,按照其配置文件,引导运行系统所需的其他进程。INIT 配置文件的全路径名为"/etc/inittab",INIT 进程运行后将按照该文件中的配置内容运行系统启动程序。

inittab 文件作为 INIT 进程的配置文件,用于描述系统启动时和正常运行中所运行的那些进程。文件内容如下(黑体为输入内容):

```
[root@RHEL5 ~]# cat /etc/inittab
id:3:initdefault:
si::sysinits:/etc/rc.d/rc.sysinit
10:0:wait:/etc/rc.d/rc 0
11:1:wait:/etc/rc.d/rc 1
12:2:wait:/etc/rc.d/rc 2
13:3:wait:/etc/rc.d/rc 3
14:4:wait:/etc/rc.d/rc 4
15:5:wait:/etc/rc.d/rc 5
16:6:wait:/etc/rc.d/rc 6
ca::ctrlaltdel:/sbin/shutdown –t3 –r now
pf::powerfail:/sbin/shutdown –f –h +2 "Power Failure; System Shutting Down"
pr:12345:powerokwait:/sbin/shutdown –c "Pwer Restored; Shutdown Cancelled"
1:2345:respawn:/sbin/mingetty tty1
2:2345:respawn:/sbin/mingetty tty2
3:2345:respawn:/sbin/mingetty tty3
4:2345:respawn:/sbin/mingetty tty4
5:2345:respawn:/sbin/mingetty tty5
6:2345:respawn:/sbin/mingetty tty6
x:5:respawn:/etc/X11/prefdm–nodaemon
```

inittab 文件中的每行是一个设置记录,每个记录中有 id、runlevels、action 和 process 4 个字段,各字段用":"分隔,它们共同确定了某进程在哪些运行级别以何种方式运行。

3) 系统运行级别

运行级别就是操作系统当前正在运行的功能级别。在 Linux 系统中,这个级别从 0 到 6,共 7 个级别,各自具有不同的功能。这些级别在/etc/inittab 文件里指定。各运行级别的含义如下。

0:停机,不要把系统的默认运行级别设置为 0,否则系统不能正常启动。

1:单用户模式,用于 root 用户对系统进行维护,不允许其他用户使用主机。

2:字符界面的多用户模式,在该模式下不能使用 NFS。

3:字符界面的完全多用户模式,主机作为服务器时通常在该模式下。

4:未分配。

5:图形界面的多用户模式,用户在该模式下可以进入图形登录界面。

6:重新启动,不要把系统默认运行级别设置为 6,否则系统不能正常启动。

(1)查看系统运行级别

runlevel 命令用于显示系统当前的和上一次的运行级别。例如：

```
[root@ centos ~]#runlevel
N  3
```

（2）改变系统运行级别

使用 init 命令，后跟相应的运行级别作为参数，可以从当前的运行级别转换为其他运行级别。例如：

```
[root@ centos ~]#init 2
[root@ centos ~]#runlevel
5  2
```

任务3 Linux 的登录和退出

CentOS 7 Linux 是一个多用户操作系统，所以，系统启动之后用户若要使用还需要登录。

1）登录

CentOS 7 Linux 的登录方式，根据启动的是图形界面还是文本模式而异。

（1）图形界面登录

对于默认设置的 CentOS 7 Linux 来说，就是启动图形界面，让用户输入账号和密码登录，如图 1-21 所示。

图 1-21 图形界面登录与语言选择对话框

（2）文本模式登录

如果是文本模式，打开的则是 mingetty 的登录界面，用户会看到如图 1-22 所示的登录提示。

注意：现在的 CentOS 7 Linux 操作系统，默认采用的都是图形界面的 GNOME 或者 KDE 的操作方式，想要使用文本模式登录，一般用户，可以执行“应用程序”→“附件”→“终端”来打开终端窗口（或者直接右键单击桌面，选择“终端”命令），然后输入“init 3”命令，即可进入文本登录模式；如果在命令行窗口下输入“init 5”或“startx”命令可进入图形界面。

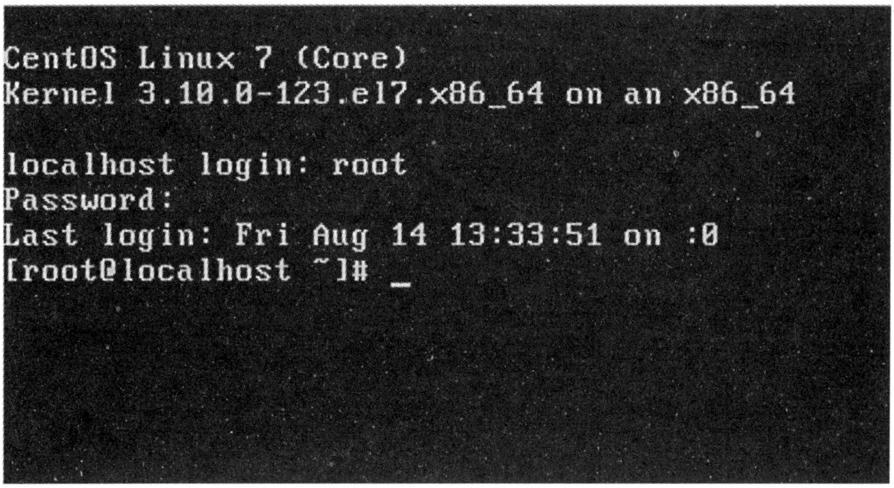

```
CentOS Linux 7 (Core)
Kernel 3.10.0-123.el7.x86_64 on an x86_64

localhost login: root
Password:
Last login: Fri Aug 14 13:33:51 on :0
[root@localhost ~]# _
```

图 1-22 以文本方式登录 CentOS 7 Linux

2)退出

至于退出方式,同样要根据所采用的是图形模式还是文本模式来进行相应的选择。

(1)图形模式

图形模式很简单,只要执行"系统"→"注销"就可以退出了。

(2)文本模式

CentOS 7 Linux 文本模式的退出也十分简单,只要同时按下"Ctrl" + "D"组合键就注销了当前用户;也可以在命令行窗口输入"logout"来退出。

任务 4 启动 Shell

操作系统的核心功能就是管理和控制计算机硬件、软件资源,以尽量合理、有效的方法组织多个用户共享各种资源,而 Shell 则是介于使用者和操作系统核心程序(Kernel)之间的一个接口。在各种 Linux 发行版中,目前虽然已经提供了丰富的图形化接口,但是 Shell 仍然是一种非常方便、灵活的途径。

Linux 中的 Shell 又被称为命令行,在这个命令行窗口中,用户输入指令,操作系统执行并将结果回显在屏幕上。

1)使用 Linux 系统的终端窗口

现在的 CentOS 7 Linux 操作系统默认采用的都是图形界面的 GNOME 或者 KDE 操作方式,想要使用 Shell 功能就必须像在 Windows 中那样打开一个命令行窗口,一般用户,可以执行"应用程序"→"附件"→"终端"命令来打开终端窗口(或者直接右键单击桌面选择"终端"命令)。如图 1-23 所示。

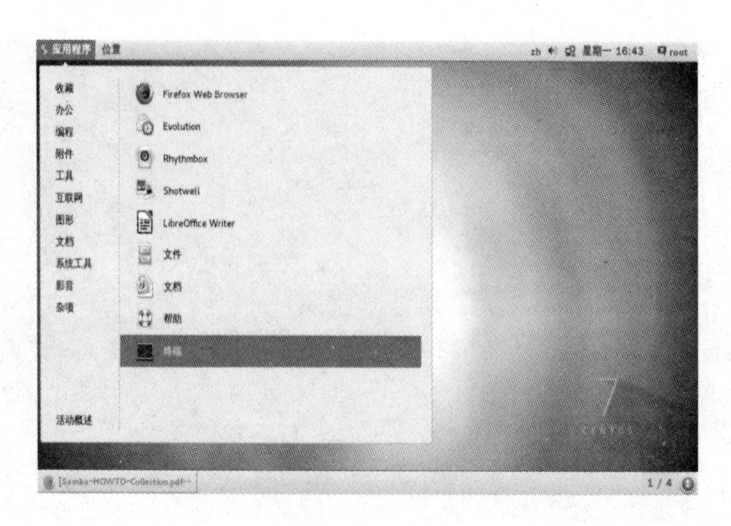

图 1-23 打开终端

执行以上命令后，就打开了一个白底黑字的命令行窗口，在这里我们可以使用 Red Hat Enterprise Linux 7 支持的所有命令行指令。

2)使用 Shell 提示符

在 CentOS 7 Linux 中，还可以更方便地直接打开纯命令行窗口。应该怎么操作呢？Linux 启动过程的最后，它定义了 6 个虚拟终端，可以供用户随时切换，切换时用“Ctrl” + “Alt” + “F1”、“Ctrl” + “Alt” + “F2”、“Ctrl” + “Alt” + “F3”、“Ctrl” + “Alt” + “F4”、“Ctrl” + “Alt” + “F5”、“Ctrl” + “Alt” + “F6”组合键可以打开其中任意一个。不过，此时需要重新登录了。

登录之后，普通用户的命令行提示符以“ $ ”号结尾，超级用户的命令以“#”号结尾。

```
[yy@ local ~ ] $                      //一般用户以" $ "为提示符
[yy@ local ~ ] $ su root              //切换到 root 账号
Password:
[root@  ~ ]#                          //命令行提示符变成"#"
```

提示：进入纯命令行窗口之后，还可以使用“Alt” + “F1”、“Alt” + “F2”、“Alt” + “F3”、“Alt” + “F4”、“Alt” + “F5”、“Alt” + “F6”组合键在 6 个终端之间切换，每个终端可以执行不同的指令。

当用户需要返回图形桌面环境时，也只需要按下“Ctrl” + “Alt” + “F7”组合键，就可以返回刚才切换出来的桌面环境。

任务 5　测试网络环境

1)ping 命令检测网络状况

ping 命令可以测试网络连通性，在网络维护时使用非常广泛，在网络出现问题后，我们通常第一步就是使用 ping 命令测试网络的连通性。ping 命令使用 ICMP 协议，发送请求数据包到其他主机，然后接收对方的响应数据包，获取网络状况信息。我们可以根据返回的不

同信息,判断可能出现的问题。ping 命令格式:

ping 可选项 IP 地址或主机名

ping 命令支持大量可选项,表 1-1 所示为 ping 命令的功能选项说明。

表 1-1 ping 命令的各项功能说明

选　项	说　明	选　项	说　明
-c	设置完成要求回应的次数	-R	记录路由过程
-s	设置数据包的大小	-p	设置填满数据包的范本样式
-i	指定收发信息的间隔时间	-r	忽略普通路由表
-f	极限检测	-t	设置存活数值
-I	使用指定网络界面送出数据包	-v	详细显示指令执行过程
-n	只输出数据	-l	设置送出信息前先发出的数据包

使用 ping 命令简单测试下网络的例子如图 1-24 所示。

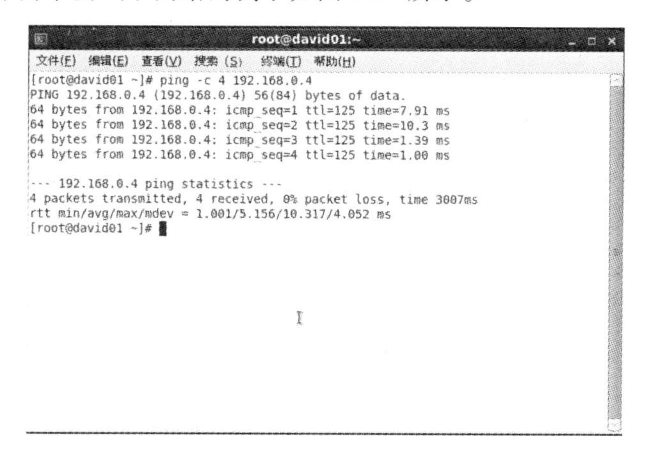

图 1-24　使用 ping 命令测试网络连通性

例子中向 IP 地址为 192.168.0.4 的主机发送请求后,192.168.0.4 主机以 64 字节的数据包回应,说明两节点间的网络可以正常连接。每条返回信息会表示响应的数据包的情况。

icmp_seq:数据包的序号,从 1 开始递增。

ttl:Time To Live,即生存周期。

time:数据包的响应时间,即发送请求数据包到接收响应数据包的完整时间,该时间越短说明网络的延时越小,速度越快。

在 ping 命令终止后,会在下方出现统计信息,显示发送及接收的数据包、丢包率及响应时间,其中丢包率越低,说明网络状况越良好、越稳定。

注意: Linux 与 Windows 不同,默认不使用任何参数,ping 命令会不断发送请求数据包,并从对方主机获得响应信息,如果测试完毕可以使用"Ctrl"+"C"终止,或者使用参数 -c 设置指定发送数据包的个数。

2) netstat 命令

netstat(network statistics)主要用于检测主机的网络配置和状况,可以查看显示网络连接(进站和出站)、系统路由表、网络接口状态。netstat 支持 UNIX、Linux 及 Windows 系统,功能非常强大。netstat 命令格式:

netstat [可选项]

netstat 常用的可选项如表 1-2 所示。

表 1-2 netstat 常用的可选项

选 项	说 明	选 项	说 明
-r/ -route	显示路由表	-i/ -interfaces	显示网络界面信息表单
-a/ -all	显示所有连接信息	-l/ -listening	显示监控中的服务器的 Socket
-t/ -tcp	显示 TCP 传输协议的连接状况	-n/ -numeric	使用数字方式显示地址和端口号
-u/ -udp	显示 UDP 传输协议的连接状况	-p/ -programs	显示正在使用 Socket 的程序识别码和程序名称
-c/ -continuous	持续列出网络状态,监控连接情况	-s/ -statistice	显示网络工作信息统计表

(1)查看端口信息

网络上的主机通信时必须具有唯一的 IP 地址,以标识自己的身份。计算机通信时使用 TCP/IP 协议栈的端口,主机使用"IP 地址:端口"与其他主机建立连接并进行通信。计算机通信时使用的端口从 0~65535,共有 65536 个,数量非常多。对于一台计算机,可能同时使用很多协议,为了标识它们,相关组织为每个协议分配了端口号,比如 HTTP 协议的端口号为 80,SMTP 协议的端口号为 25,TELNET 协议的端口号为 23 等。网络协议就是网络中传递、管理信息的一些规范,计算机之间的相互通信需要共同遵守一定的规则,这些规则就称为网络协议。

使用 netstat 命令以数字方式查看所有 TCP 协议连接情况,命令及显示效果如图 1-25 所示。选项中 -a 表示显示所有连接。

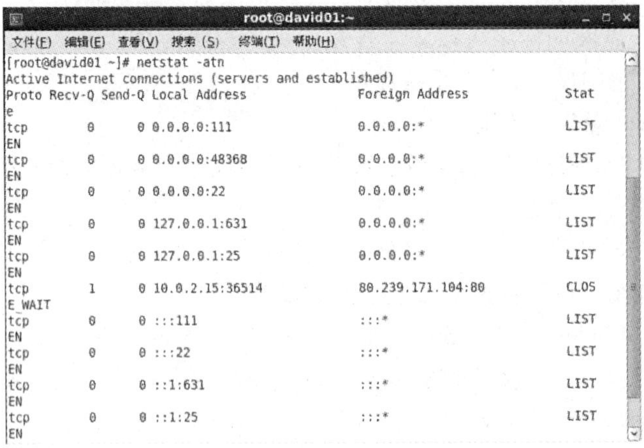

```
root@david01:~
文件(F) 编辑(E) 查看(V) 搜索(S) 终端(T) 帮助(H)
[root@david01 ~]# netstat -atn
Active Internet connections (servers and established)
Proto Recv-Q Send-Q Local Address               Foreign Address             Stat
e
tcp        0      0 0.0.0.0:111                 0.0.0.0:*                   LIST
EN
tcp        0      0 0.0.0.0:48368               0.0.0.0:*                   LIST
EN
tcp        0      0 0.0.0.0:22                  0.0.0.0:*                   LIST
EN
tcp        0      0 127.0.0.1:631               0.0.0.0:*                   LIST
EN
tcp        0      0 127.0.0.1:25                0.0.0.0:*                   LIST
EN
tcp        1      0 10.0.2.15:36514             80.239.171.104:80           CLOS
E_WAIT
tcp        0      0 :::111                      :::*                        LIST
EN
tcp        0      0 :::22                       :::*                        LIST
EN
tcp        0      0 ::1:631                     :::*                        LIST
EN
tcp        0      0 ::1:25                      :::*                        LIST
EN
```

图 1-25 netstat 命令测试

Proto:协议类型,因为使用 -t 选项,这里就只显示了 TCP 协议,要显示 UDP 协议可以使用 -u 选项,不设置则显示所有协议。

Local Address:本地地址,默认显示主机名和服务名称,使用选项 -n 后显示主机的 IP 地址及端口号。

Foreign Address:远程地址,与本机连接的主机,默认显示主机名和服务名称,使用选项 -n 后显示主机的 IP 地址及端口号。

State:连接状态,常见的有以下几种:

①LISTEN 表示监听状态,等待接收入站的请求。

②ESTABLISHED 表示本机已经与其他主机建立好连接。

③TIME_WAIT 表示等待足够的时间以确保远程 TCP 接收到连接中断请求的确认。

(2)查看路由表

netstat 使用 -r 参数,可以显示当前主机的路由表信息。

(3)查看网络接口状态

灵活运用 netstat 命令,还可以监控主机网络接口的统计信息,显示数据包发送和接收情况。

MTU 字段:表示最大传输单元,即网络接口传输数据包的最大值。

Met 字段:表示度量值,越小优先级越高。

RX-OK/TX-OK:分别表示接收、发送的数据包数量。

RX-ERR/TX-ERR:分别表示接收、发送的错误数据包数量。

RX-DRP/TX-DRP:表示丢弃的数量。

RX-OVR/TX-OVR:表示丢失数据包的数量。

通过这些数据可以查看主机各接口连接网络的情况。

任务 6 安装软件源

网络测试通过后,以后用 yum 就可以方便地安装各种软件了,用不着再用 RPM 命令进行本地安装。使用 yum 命令就能解决所有软件的安装及依赖性问题。

但是,CentOS 7 的默认源包含的软件包是比较少的,可以添加其他源来满足以后需要的许多软件。读者可以参考网络自行添加 CentOS 7 的 rpmforge、EPEL、163 等软件源。

作者写了一个脚本,可以自动安装和更新源。我们只需要下载一个 sh 脚本,然后以 root 权限运行即可:

```
#wget-O setrep. shhttp://pastebin. centos. org/15646/raw/
```

下载下来的 setrep. sh 是 dos 格式的,要转换成 unix 格式,使用 dos2unix:

```
#dos2unix setrep. sh
```

接下来设置允许权限并运行:

```
#chmod + x setrep. sh
```

```
#. /setrep. sh
```

任务7　配置CentOS 7显卡驱动

Linux默认只使用开源的显卡驱动，开源驱动的效果还是不错的，但与官方的闭源驱动相比还是有一定差距的。最明显的区别是，在使用SAC的ppk功能放大波形时，使用开源驱动会出现延迟，而使用官方闭源则整个过程非常顺畅。

①安装显卡检测程序：

[root@ ~]#yum install nvidia-detect

②检测显卡型号以及对应的驱动：

[root@ ~]#nvidia-detect

Probing for supported NVIDIA devices...

[10de:06dd]NVIDIA Corporation GF100GL[Quadro 4000]

This device requires the current 340.58 NVIDIA driver kmod-nvidia

此处提示需要安装340.58版的显卡驱动。

③安装显卡驱动及其32位库文件：

[root@ ~]#yum install nvidia-x11-drv nvidia-x11-drv-32bit

④卸载与官方驱动冲突的开源驱动：

[root@ ~]#yum remove xorg-x11-glamor

⑤安装完显卡驱动后可以重启系统。

由于CentOS下默认无法挂载NTFS格式的硬盘。需安装nfts-3g方可实现即插即用，这里顺带安装该插件，执行如下命令：

[root@ ~]#yum install ntfs-3g

1.3　RPM软件包管理

1.3.1　软件包管理器简介

当前有数以百计的Linux发行版本，它们使用的软件包管理器基本上只有两种，分别是Red Hat Package Manager(RPM)与Debian的Dpkg。Dpkg包管理机制最早是由Debian Linux社群所开发的，透过Dpkg的机制，Debian提供的软件就能够简单地安装起来，同时还能提供安装后的软件相关元数据资讯，非常不错。只要是衍生Debian的其他Linux发行版大多使用Dpkg工具来管理软件，包括B2D、Ubuntu等。RPM包管理机制最早是由Red Hat公司开发的，很多Linux发行版都使用这个包管理工具来作为软件安装的管理方式。包括Fedora、CentOS、SuSE等。这些软件包管理器提供了组织各种实用的应用程序的标准的管理方法。CentOS使用RPM包管理工具。

1）软件包的平台名称

RPM适用在不同的操作平台上，不同的平台配置的参数是有所差异的，只有针对比较高阶的CPU来进行优化参数的配置，才能够使用高阶CPU所带来的硬件加速功能。所以就有所谓的 i386、i686、x86_64 与 noarch 等文件名称。

表 1-3 RPM 包管理的平台标记

平台名称	适合平台说明
i386	几乎适用所有的 x86 平台,不论是旧的 Pentium 或者是新的 Intel Core 2 CPU 等,i 指的是 Intel 兼容的 CPU,386 指 CPU 的等级
i686	在 Pentiun Ⅱ 以后的 Intel 系列 CPU,及 K7 以后等级的 CPU 都属于这个 686 等级
x86_64	针对 64 位的 CPU 进优化编译配置,包括 Intel 的 Core 2 以上等级的 CPU,AMD 的 Athlon 64 以后等级的 CPU
noarch	就是没有任何硬件等级上的限制。一般这类 RPM 文件里面没有 binary program 存在,多是 shell script 方面的软件。

目前 x86 平台上的新版 CPU 都能够运行旧版 CPU 所支持的软件,即硬件方面是向下兼容的,因此最低等级的 i386 软件可以安装在所有的 x86 硬件平台上面,不论是 32 位还是 64 位。但是反过来说就不行了。如旧主机 Pentiun Ⅲ/Pentiun Ⅳ 32 位机器上面,就不能够安装x86_64的软件。

根据上面的说明,我们只要选择 i386 版本安装在 x86 硬件上面就肯定没问题。但是如果强调效能的话,建议还是选择搭配硬件的 RPM 文件,毕竟只有该软件针对 CPU 硬件平台进行过参数优化编译。

2)RPM 的优点

RPM 是通过将程序、数据预先编译并打包成为 RPM 文件格式后,再加以安装的一种方式,并且还能够进行数据库的记载。所以 RPM 有以下的优点:

①RPM 内含已经编译过的程序与配置文档等数据,可以让使用者免除重新编译的困扰。

②RPM 在被安装之前,会先检查系统的硬盘容量、操作系统版本等,可避免文件被错误安装。

③RPM 文件本身提供软件版本资讯、相容属性软件名称、软件用途说明、软件所含文件等资讯,便于了解软件。

④RPM 管理的方式是使用数据库记录 RPM 文件的相关参数,以便于升级、移除、查询与验证。

1.3.2 RPM 命令工具基本应用

1)软件包查询

```
#rpm   -q   setup                //发现已安装的程序包的版本
#rpm-qi setup                    //能查询 setup 有关的汇总信息
    #rpm-qf/etc/passwd           //能标识拥有 passwd 配置文件的 RPM 程序包
    #rpm   -ql setup             //列出 setup RPM 包中包含的文件,该信息能帮助用户理解
升级时哪些文件面临风险
```

2)本地软件包的安装

```
#rpm-ivhvsftpd                              //-i 安装参数/-v 查看详细安装信息/-显示安装进度
    #yum localinstallzip-3.0-1.el6.i686.rpm //解决安装出现的依赖问题
    #rpm-ivhzip-3.0-1.el6.i686.rpm-test     //测试当前安装的软件依赖问题
```

3)软件包卸载

```
    #rpm -e vsftpd     //卸载系统里已经安装的 vsftpd 软件包
```

1.3.3 yum 管理工具的配置文件

yum,是 Yellow dog Updater,Modified 的简称,是杜克大学为了提高 RPM 软件包安装便利性而开发的一种软件包管理器。Yellow dog 初期的发行版的开发者是 Terra Soft,yum 那时还叫作 yup(Yellow Dog Updater),后经杜克大学的 Linux@ Duke 开发团队改进,遂有此名。yum 的宗旨是自动化地升级、安装、删除 RPM 包,收集 RPM 包的相关信息,检查依赖性并自动提示用户解决。yum 的关键之处是要有可靠的 repository,顾名思义,respository 是软件的仓库,它可以是 http 或 ftp 站点,也可以是本地软件池,但必须包含 RPM 的 header,而 header 包括了 RPM 包的各种信息,包括描述、功能、提供的文件、依赖性等。正是收集了这些 header 并加以分析,才能自动化地完成安装等相关任务。

yum 的理念是使用一个中心仓库管理一部分甚至一个发行版本的应用程序的相互关系,根据计算出来的软件依赖关系进行相关的升级、安装、删除等操作,减少了 Linux 用户一直头痛的依赖性的问题。这一点上,yum 和 apt 相同。

yum 主要功能是更方便地添加、删除、更新 RPM 包,自动解决 RPM 包的依赖性问题,便于管理大量系统软件包的更新问题。yum 可以同时配置多个资源库,有简洁的配置文件(/etc/yum.conf),可自动解决增加或删除 RPM 包遇到的依赖性问题,保持与 RPM 数据库的一致性。

yum 的配置文件分为两部分:main 和 repository。main 部分定义了全局配置选项,整个 yum 配置文件应该只有一个 main,常位于/etc/yum.conf 中。repository 部分定义了每个源服务器的具体配置,可以有一到多个。常位于/etc/yum.repo.d 目录下的各文件中。

1)/etc/yum.conf 配置文件说明:

```
[main]
cachedir = /var/cache/yum          //yum 下载的 RPM 包的缓存目录
keepcache = 0                      //缓存是否保存,1 保存,0 不保存
debuglevel = 2                     //调试级别(0~10),默认为 2
logfile = /var/log/yum.log         //yum 的日志文件所在的位置
gpgcheck = 1                       //是否检查 GPG(GNU Private Guard),一种密钥签名
plugins = 1                        //是否允许使用插件,默认是 0 不允许
installonly_limit = 3              //允许保留多少个内核包
retries = 6                        //网络连接发生错误后的重试次数,默认值为 6
```

```
exactarch = 1            //更新时允许更新不同架构的 RPM 包,如 i386 更新 i686 的 RPM
obsoletes = 1            //允许不同版本之间的升级
```

2)/etc/yum. repos. d/中的文件

```
[root@ ~ ]#cd/etc/yum. repos. d/
[root@ . . ]#ls
CentOS-Base. repo CentOS-Debuginfo. repo
CentOS-Sources. repo CentOS-Vault. repo
```

若需要修改基于网络的 yum 源,需要修改 CentOS-Base. repo 文件,主要是修改“baseurl”参数,指定需要的网络镜像软件资源。再在终端执行 yum clean all 和 yum makecache 两行命令,重新创建本地软件包目录缓存。

3)yum 工具安装

CentOS 默认安装了 yum 工具,若需要自行安装,yum 的基础安装包包括:

```
yum                     //RPM 格式包的安装与更新
yum-fastestmirror       //yum 插件选择最快的镜像软件仓库 t
yum-metadata-parser     //yum 的元数据分析
```

以上 3 个基础工具,其他安装包根据自己需要安装。

1.3.4 yum 源的配置实践

1)以 CentOS 7 配置 163 镜像源为例,具体实践如何配置

```
[root@ ~ ]# vim  /etc/yum. repos. d/CentOS-Base. repo   //编辑 CentOS-Base. repo
[base]
name = CentOS- $ releasever-Base – 163. com
baseurl = http://mirrors. 163. com/centos/7. 0. 1406/updates/x86_64/
gpgcheck = 1
gpgkey = file:///etc/pki/rpm-gpg/RPM-GPG-KEY-CentOS-7
[updates]
name = CentOS- $ releasever-Updates-163. com
baseurl = http://mirrors. 163. com/centos/7. 0. 1406/updates/x86_64/
gpgcheck = 1
gpgkey = file:///etc/pki/rpm-gpg/RPM-GPG-KEY-CentOS-7
......
```

这里具体列出了[base]和[updates]节的参数,主要是修改“baseurl”参数,其他节如[addons]和[extras]等类似修改未做介绍。具体内容请参考 CentOS-Base. repo 配置文件。编辑好该文件后注意保存结果,然后执行以下命令:

```
[root@ ~]#yum clean all
[root@ ~]#yummakecache
[root@ ~]# yum repolist  //测试配置的源,若能显示出用户添加的163源,就可以了
```

2)添加第三方 yum 源

CentOS 由于很追求稳定性,所以官方源中自带的软件不多,因而需要一些第三方源,比如 EPEL、ATrpms、ELRepo、NuxDextop、RepoForge 等。为了尽可能保证系统的稳定性,这里大型第三方源只添加 EPEL 源和 ELRepo 源。

EPEL 即 Extra Packages for Enterprise Linux,为 CentOS 提供了额外的10000多个软件包,而且在不替换系统组件方面下了很多功夫,因而可以放心使用。执行以下命令完成 EPEL 源的安装:

```
[root@ ~]#yum install epel-release
```

执行完该命令后,在/etc/yum.repos.d 目录下会多一个 epel.repo 文件。

ELRepo 包含了一些硬件相关的驱动程序,比如显卡、声卡驱动。执行以下命令完成 ELRepo源的安装:

```
#rpm-import https://www.elrepo.org/RPM-GPG-KEY-elrepo.org
#rpm-Uvh http://www.elrepo.org/elrepo-release-7.0-2.el7.elrepo.noarch.rpm
```

完成该命令后,在/etc/yum.repos.d 目录下会多一个 elrepo.repo 文件。

yum-axelget 是 EPEL 提供的一个 yum 插件。使用该插件后用 yum 安装软件时可以并行下载,大大提高了软件的下载速度,减少了下载的等待时间,执行以下命令完成 yum-axelget 的安装:

```
#yum install yum-axelget
```

安装该插件的同时会安装另一个软件 axel。axel 是一个并行下载工具,在下载 http、ftp 等简单协议的文件时非常好用。

第一次全面更新,先把系统已经安装的软件包都升级到最新版:

```
#yum update
```

要更新的软件包有些多,可能需要一段时间。不过有了 yum-axelget 插件,速度已经快了很多。

3)yum 命令的基本运用

```
[root@ ~]#yum search vsftpd    //查询 vsftpd 包是否安装
[root@ ~]#yum install vsftpd   //安装 vsftpd 软件包
[root@ ~]#yum remove vsftpd    //卸载 vsftpd 软件包,也可以使用 force 参数
```

附注:忘记根密码的解决方法

如果忘记根密码,需要把系统引导为 Linux single(单用户模式)。如果使用的是基于 x86 的系统,GRUB 是安装的引导装载程序。显示 GRUB 引导屏幕后,键入“e”来编辑,显示

选定引导标签配置文件中的项目列表。选择以 kernel 开头的行,然后键入“e”来编辑该项引导项目。在 kernel 行的结尾处添加:single。

按回车键来退出编辑模式,回到引导装载程序屏幕后键入“b”来引导系统。一旦引导入了单用户模式,则显示“#”提示符。必须键入“passwd root”,以允许为根用户输入一个新密码。这时,可以键入“shutdown-r now”来使用新的根密码重新引导系统。

练习题

1. 填空题

(1)GUN 的含义是____________________。

(2)Linux 内核开发的创始人是____________________。

(3)安装 Linux 至少需要两个分区,分别是____________________。

(4)Linux 默认的系统管理员账号是____________________。

(5)自由软件的发起人及 GNU 项目的发起人是____________________。

2. 选择题

(1)Linux 最早是由计算机爱好者(　　)开发的。

A. Richard Petersen　　B. Linus Torvalds

C. Rob Pick　　D. Richard stallman

(2)下列(　　)是属于自由软件。

A. Windows XP　　B. UNIX

C. Linux　　D. CentOS 7

(3)下列(　　)不是 Linux 的特点。

A. 多任务　　B. 单用户

C. 设备独立性　　D. 开放性

(4)Linux 的内核版本 3.10.20 是(　　)的版本。

A. 不稳定　　B. 稳定

C. 第三次修订　　D. 第二次修订

(5)Linux 的根分区系统类型是(　　)。

A. FAT16　　B. FAT32

C. ext4　　D. NTFS

3. 简答题

(1)简述 CentOS 7 Linux 系统的特点,简述一些较为知名的 Linux 发行版本。

(2)Linux 有哪些安装方式?安装 CentOS 7 Linux 系统要做哪些准备工作?

(3)安装 CentOS 7 Linux 系统的基本磁盘分区有哪些?

项目二　Emacs 编辑器应用

目前市面上常用的主要有两种编辑器:Emacs 和 Vim。人们说:Emacs 是伪装成编辑器的操作系统。细细想来,这句话并不夸张。

Emacs 其实是个 Lisp 的解释器,因此可以用 Lisp 灵活地扩展。渐渐地人们不再限于用 Emacs 写程序、写文档,而且在 Emacs 里管理文件系统、运行终端、收邮件、上网、听音乐等。正是因为 Emacs 具有无限的可扩展性,人们才分不清 Emacs 到底是不是一个编辑器。但就是有人喜欢这种 All-in-One 的哲学,喜欢在 Emacs 中完成每件事。

项目描述

Emacs 作为一个强大的编辑器,为我们配置服务器提供了强大的工具,我们这里主要学习 Emacs 的基本运用技巧和一些常用的快捷键功能,为后面的一系列服务器配置打下一个良好的基础。

- 了解 Emacs 的发展历史
- 理解简单的 Emacs 配置方案
- 掌握 Emacs 的基本运用与常用快捷键

2.1　背景知识

Emacs 是一款很强大的编辑器,它不仅仅是程序员的专利,连普通人也能享受先进工具带来的高效与愉悦感。

2.1.1　Emacs 的历史

Emacs 在 20 世纪 70 年代诞生于 MIT 人工智能实验室。在此之前,人工智能实验室的 PDP-6 和 PDP-10 电脑上运行的 ITS 操作系统的默认编辑器是一个叫作 TECO 的行编辑器。与现代的文本编辑器不同,TECO 将击键、编辑和文本显示按照不同的模式进行处理,稍晚出现的 vi 与它有些类似。在 TECO 键入并不会直接将这些字符插入文档,必须先输入一系列相应的 TECO 指令,而被编辑的文本在输入命令时是不会显示在屏幕上的。在如今还在使用的 UNIX 编辑器 ed 上,我们还能看到类似的工作方式。

20 世纪 70 年代初,理查德·斯托曼访问斯坦福大学人工智能实验室时见到了那里的“E”编辑器。这种编辑器有着所见即所得的直观特点,深深打动了斯托曼。后来这已成了大部分现代文本编辑器都具有的特性。后来斯托曼回到 MIT,那时候 MIT AI Lab 的黑客 Carl Mikkelsen 已经给 TECO 加上了称作“Control-R”的编辑显示模式,使得屏幕能跟随用户的每次键入刷新显示。斯托曼重写了这一模式,使它运行得更有效率,后来又加入了宏,允许用户重新定义运行 TECO 程序的键位。

这一新版的 TECO 立刻在 AI 实验室流行开来,并且很快积累起了大量自定义的宏,这些宏的名字通常就以“MAC”或者“MACS”结尾,意为“宏”(macro)。两年后,盖伊·史提尔二世承担起统一当时存在的各种键盘命令集的工作。史提尔和斯托曼经过日夜奋战,最终完成了这一任务,包括一套扩展和注释新的宏包的工具。这个系统被称作 Emacs,代表“Editing MACroS”,也代表“E with MACroS”。根据斯托曼的说法,他采用这个名字是“因为当时‘E’在 ITS 里还没有被当作缩写用过”。

2.1.2　Emacs 可以做什么

基于 Emacs 强大的插件体系,它能做到以下非编辑器的功能:

①WebKit 浏览器。能在 Emacs 中边写代码,边通过浏览器查阅各种资料。Dired 文件管理器,是具有键盘风格的文件管理功能,Dired 有内置的标记、搜索、文本编辑模式等强大功能。

②Org 任务时间管理工具。可以基于文本式对项目进行管理和时间追踪,虽然是纯文本,但是能轻松嵌入多媒体、外部链接、电子表格等强大工具。

③聊天通讯软件。它强大到拥有 IRC 聊天功能,能自动回复、自动翻译,甚至是语音读出朋友的消息;通过简单的扩展还能轻松支持 XMPP 协议和其他软件聊天(比如 gtalk)。将新闻阅读器,RSS、Atom 格式新闻尽收眼底,不用为了看新闻来回切换窗口。

④终端模拟器。再也不用在编写代码的时候切换到外部终端中看输出结果,甚至可以在终端模拟器中嵌入 vi,或者在终端中再嵌入 Emacs,然后在 Emacs 中打开终端再嵌入 Emacs。

⑤Gnus。拥有统一的阅读邮件和邮件列表的工具 Gnus,Gnus 基于线索式的邮件管理随时保持清新的上下文来回复好友邮件。

⑥数学计算器。Emacs 中从基本的计算器到高级的数学公式演算应有尽有,甚至能实时输出 3D 演算结果。

⑦翻译软件。所有 Emacs 可以访问到的单词和语句,都可以快速地被翻译成用户的母语。通过 festival 或者其他发音引擎,语音朗读可以自由地朗读 Emacs 可以看到的任何数据,用户可以边写程序边听 IRC 聊天。

还有很多小功能,比如查看日历、玩俄罗斯方块、好友信息管理等。Emacs 最大魅力就是它只提供基础的框架和插件体系,因此它的功能具有很大的扩展空间。

2.1.3　Emacs 与 Vim

Vim 短小精悍,将编辑文本做到了极致。但是 Emacs 同样不弱,它还有更加强大的扩展功能,而且更容易上手。两者都是值得花时间学习的软件。

2.2 项目解决方案与实施

任务1 Emacs 的基本运用

Emacs 入门其实很简单,因为不像 Vim 那样,需要切换模式。Emacs 打开一个文件后直接就能进行写入、删除等操作。

1)快捷键击键约定

Emacs 最著名的就是拥有功能强大的快捷键,要想看懂网上和 Emacs 自带文档里的快捷键,必须了解 Emacs 的击键约定。

Windows 下的复制功能的快捷键是“Ctrl”+“c”。那么同样的快捷键用 Emacs 的约定来表示就是“C”-“c”。那么“Alt”+“F4”是不是要写成“A”-“F4”呢?不是的,应该写成“M”-“F4”。这个“M”代表的是“Meta”键,在现在的键盘中,“Meta”键对应的就是“Alt”键。

另外还有现在的“Win”键,就是上面画着 Windows 徽标的那个按键,一般出现在“Ctrl”和“Alt”之间。这个键在“Linux”系统中被称为“Super”键,其前缀就是一个小写的字母“s”。

有些键,还需要按下“Shift”,比如“C”-“@”,因为“@”需要“Shift”+“2”才能按出来,所以“C”-“@”的实际按键顺序应该是按住“Ctrl”,再按住“Shift”,再按一下数字“2”之后马上再全部放开(“Ctrl”和“Shift”顺序可以调换)。

Emacs 打开文件的快捷键是“C”-“x”“C”-“f”,这里完整的按键顺序是按住“Ctrl”,再按一下“x”之后马上全部放开,之后再按住“Ctrl”,继续按一下“f”后马上全部放开。如果几个连续的快捷键的前缀都一样,比如都是“Ctrl”,我们可以一直按住“Ctrl”不放,之后按照顺序分别按下“x”和“f”,最后再全部放开。

2)常用快捷键

Emacs 以其繁多的快捷键闻名,最常用的如表 2-1 所示。

表 2-1 常用 Emacs 快捷键

命令	按键
(查找并)打开文件	“C”-“x”“C”-“f”
保存文件	“C”-“x”“C”-“s”
退出 Emacs	“C”-“x”“C”-“c”
复制	“M”-“w”
剪切	“C”-“w”
粘贴	“C”-“y”
执行命令	“M”-“x”

虽然移动光标有其自己的快捷键,但是仍旧可以使用键盘上的方向键和“PageUp”、

“PageDown”来代替 Emacs 自己的快捷键。

3）简单操作实例

下面通过编辑一个配置文件来实际操练一下 Emacs 的编辑功能。在 CentOS 系统中，如果一个普通用户想要操作需要 root 权限的任务，需要在命令前面加上 sudo 来暂时提升权限，可是在一个刚安装好的系统中，普通用户无法使用此方法，原因是该用户没有被加入/etc/sudoers 这个配置文件。下面演示如何使用 Emacs 添加普通用户到该文件以达到能使用 sudo 提权的目的。使用 Emacs 打开该文件：

```
# emacs/etc/sudoers
```

可以看到，Emacs 成功打开了该文件，但是存在两个窗口如图 2-1 所示。

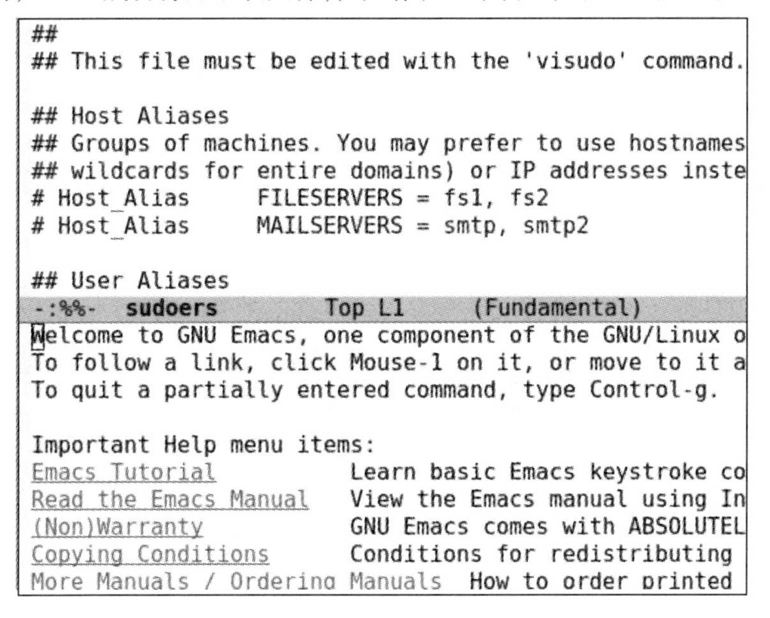

图 2-1　Emacs 打开文件

此时光标在上面那个窗口闪动，说明我们默认编辑的是这个文件。要想关闭下面那个窗格，请按快捷键“C” - “x” “1”。

操作要领：按住 Ctrl 再按下 x 后全部放开，再按一下数字 1。

如图 2-1 所示。成功按下快捷键后，最下面一行（叫作 mini buff）处会出现刚才输入的快捷键，如图 2-2 所示。

图 2-2 上方像状态栏处从左到右分别显示了该文件的编辑状态：是否只读（两个% 说明是只读文件，Linux 下即为无 w 权限），“sudoers”表示这个当前件名，右边的“Top”说明光标在第一页，“L1”说明光标在第一行。

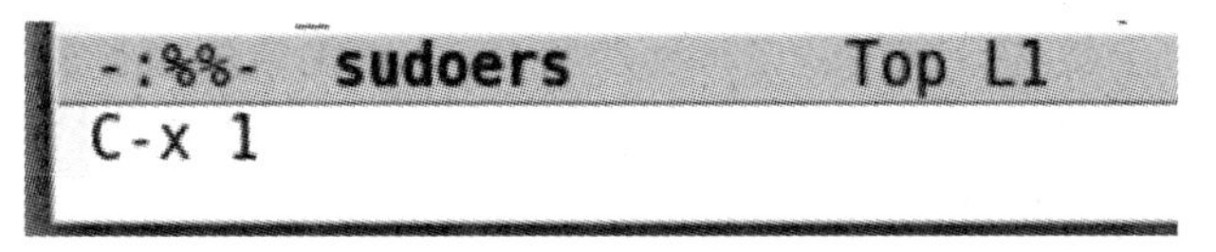

图 2-2　mini buff 显示快捷键

下面来显示打开文件的行数,不然很难找到需要修改的地方。键入:

```
M-x global-linum-mode
```

这行代表的意思是,先按"M" - "x",然后会在 mini buff 上出现闪动的光标,提示输入"global-linum-mode",输入完成后就可以按回车键确定了。

可以使用"Tab"键来补全:输入"glo"这 3 个字母,按一下"Tab"键,会自动补全为"global -",之后再输入一个字母"l",按下"Tab",就可以全部补全了。看似这么长的命令,只需要打 4 个字母即可。

其实,Emacs 的每一个快捷键都对应于一个类似这样的命令,只是由于命令实在太多,所以才需要手动输入这些命令。

下面,来介绍两种编辑方法,分别对应于使用 Windows 下的操作习惯和 Emacs 下的操作习惯,来让大家感受下编辑效率的差异。

Windows 用户的操作:使用 PageDown 或者一直按着下方向键到 98 行:

```
98root        ALL = (ALL)             ALL
```

然后把光标下移一行,在这个空行里输入和上一行一样的文字(把 root 替换成实际的用户名),最后按"C" - "x" "C" - "s"保存。

可是,输入的时候,什么反应都没有,如图 2-3 所示,只是在 mini buff 出现了:缓冲区是只读状态。这个时候需要切换回到终端修改一下文件的权限:

```
-:%%-  sudoers          70% L98    (Fundam
Buffer is read-only: #<buffer sudoers>
```

图 2-3　mini buff 显示只读属性

```
# chmod u + w/etc/sudoers
```

u 是 user 的意思,代表当前用户;+ w 是增加 write,即写的权限。

按"C" - "x" "C" - "c"退出 Emacs,在终端里修改权限后重新打开 Emacs 操作一遍,输入完了之后按"C" - "x" "C" - "s"保存。

Emacs 用户的操作:

```
C-u 98 C-n
```

即按下"C" - "u"后输入"98",就是行数,然后继续按"C" - "n",意思是向下移动。

如果只按"C" - "n",则默认向下移动一行。按"C" - "u"并输入数字可以用来指定下移的行数。

此时光标还是在行首,如果不在,按"C" - "a"移动光标到行首。按下"C" - "k"来剪切。

同样提示缓冲区为只读,这时按"C" - "x""C" - "q"来解除只读,如图 2-4 所示。解除完只读后,按下"C" - "k"剪切一行内容,再按一次"C" - "k"将换行符也剪切掉,这样下次粘贴的时候就能自动将光标移动到下一行了。

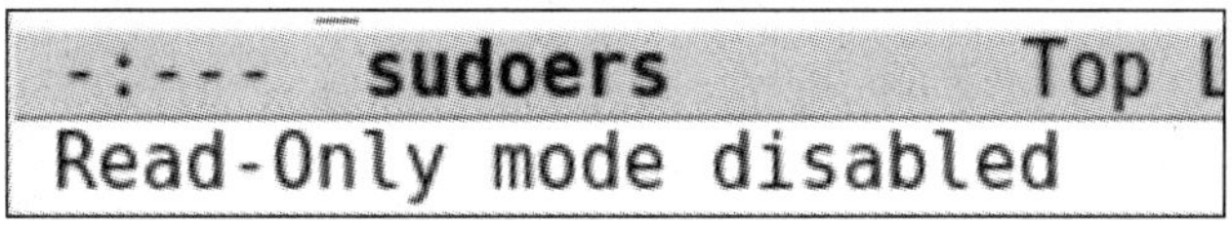

```
-:---  sudoers      Top L
Read-Only mode disabled
```

图 2-4　mini buff 显示解除只读属性

按一次“C”－“y”粘贴之前剪切的内容，再按一次“C”－“y”，再次将那一行内容粘贴到了下一行，这个时候出现了：

```
98 root     ALL = ( ALL)       ALL
99 root     ALL = ( ALL)       ALL
```

而光标出现在第 100 行的行首，我们按“C”－“p”到上一行，按“M”－“d”一次性删除“root”这个词，输入需要添加的用户名，最后按“C”－“x”“C”－“s”保存。一切都能手不离键盘来完成，操作效率和Windows下的比起来优势十分明显。

4）内置的教程

不管系统是在图形界面还是字符界面，Emacs 打开后，默认的界面上就有一个教程，而且光标默认就是停留在那上面，只要再按一下回车键就能看到，如图 2-5 所示。

教程会一步一步教导用户如何使用快捷键及 Emacs 的基本操作。

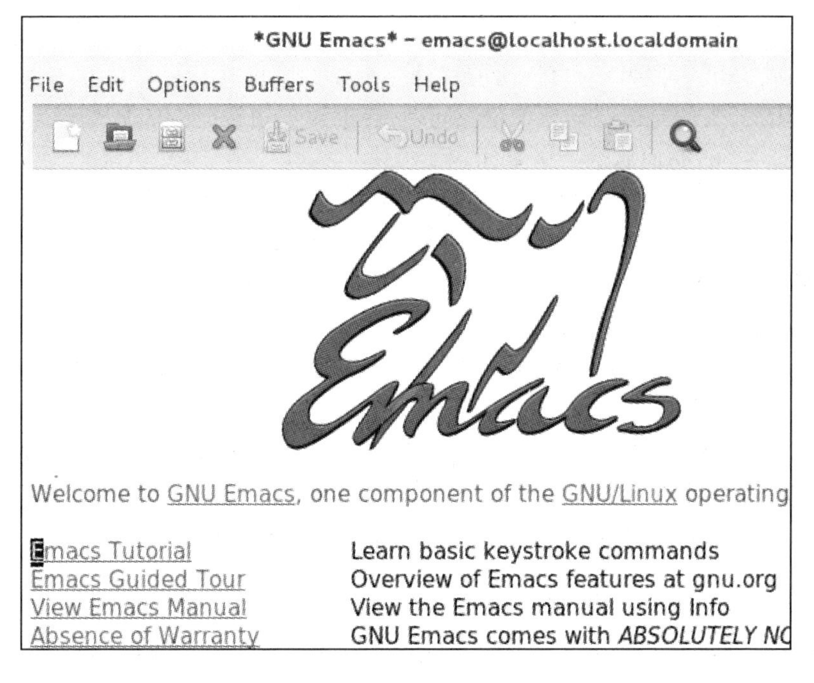

图 2-5　Emacs 自带教程

5）简单配置 Emacs

前面我们用到了显示行号这一功能，但我们不想每次打开 Emacs 都要执行那么长的命令，尽管补全功能可以少打很多字，还是很麻烦。这里我们通过修改 Emacs 的配置文件来达到定制 Emacs 的目的。

Emacs 的配置文件在每个用户的家目录下：~/. emacs。Emacs 启动后默认会去读取. emacs这个文件的内容，我们就可以将配置写在里面。比如增加行数的显示，我们可以添加以下内容至. emacs 文件：

```
(global-linum-mode 1)
```

后面的数字“1”和“0”可以切换该模式的开启和关闭。

然后保存该配置文件。为了看到结果，可以选择重启 Emacs，或者执行：“M” -“x”，或者将光标移动到句尾（使用“C” -“e”），然后执行“C” -“x” “C” -“e”。可以看到，行数出现了。以后重新启动的 Emacs 都将加上行数。

如果需要其他功能，可以去网上搜索，一般都会有人贴出代码，只要将那些代码同样添加进. emacs 这个文件就可以了，比如定制自己喜欢的背景颜色、前景颜色，还有字体样式和大小。

任务 2　Emacs 的高级功能

Emacs 功能实在太多，所以这里只介绍最实用的几样。

1）快速移动光标

前进用英语说是 Forward，所以“C” -“f”的作用跟右方向键一样，使得光标向右移动一格。有时候我们不愿意一个一个字符去移动，需要一个单词一个单词的移动，这个时候，可以将“Ctrl”换成“Alt”，即“M” -“f”，向前移动一个单词。也就是说，“Ctrl”开头的是按照字符为单位，“Alt”开头的是按照词为单位。同理，后退用英语说是“Back”，所以“C” -“b”是向后一格，“M” -“b”是向后退一个单词。

我们有时需要一个句子一个句子移动，一个段落一个段落移动。前面介绍了，“C” -“a”是移动到一行的开头，“C” -“e”是移动到一行的末尾。一行和一句类似。所以，“M” -“a”是移动到一个句子的开头，“M” -“e”是移动到句子的末尾。为什么要用“a”和“e”呢？因为它们分别是 Ahead 和 End 的首字母。

至于段落间移动，则需要“Ctrl”和“Alt”一起按：移动到上一个段落是“C” -“M” -“[”，下一个则是“C” -“M” -“]”。

上移和下移光标，和上下方向键的作用一样：“C” -“p”上移一行，“C” -“n”下移一行。

还有快速调到文档的最开头：“M” -“ <”，文档末尾：“M” -“ >”。这个尖括号需要使用“shift”键配合：同时按住“Alt”和“Shift”，再按下逗号或者句号。

2）高效的查找

还在为寻找配置文件中的一个关键字而反复查找吗？有了 Emacs，可以马上找到。还记得前面讲的需要跳到第 98 行进行编辑的那个例子吗？现在可以试试这样：

在打开文档后，确保光标处于前 98 行（如果不是，可以用“M” -“ <”回到文档开头），然后按“C” -“s”，于是在 mini buff 处出现了“I-search：”的字样。此时，可以慢慢输入“root”这四个字母，一开始只输入一个“r”的时候，屏幕上出现了很多背景变成绿色的匹配项，随着不断输入，符合条件的项目越来越少，直到全部输入完后，屏幕上只剩下了两个符合条件的项目，如图 2-6 所示。

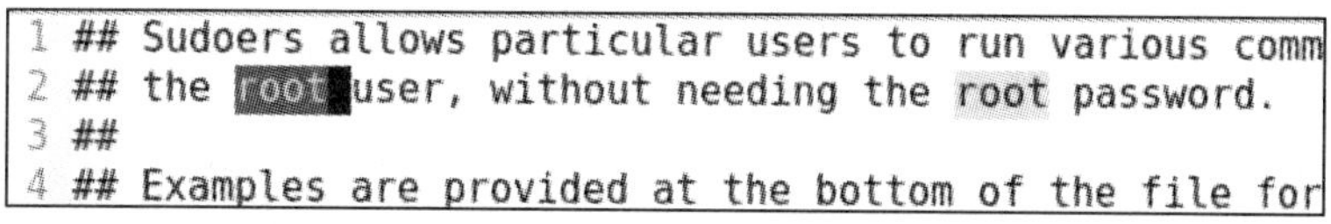

```
1 ## Sudoers allows particular users to run various comm
2 ## the root user, without needing the root password.
3 ##
4 ## Examples are provided at the bottom of the file for
```

图 2-6　Emacs 高级查找功能

如果我们还没找到需要的，可以不停地按“C” - “s”，这样光标会一直向下，在匹配项上跳转，直到按下回车键，退出查找，进入正常的编辑状态。

这个例子中，我们还需要输入一个 TAB 制表符，也就是再按一下“Tab”键。此时光标马上跳转到了 98 行，如图 2-7 所示：

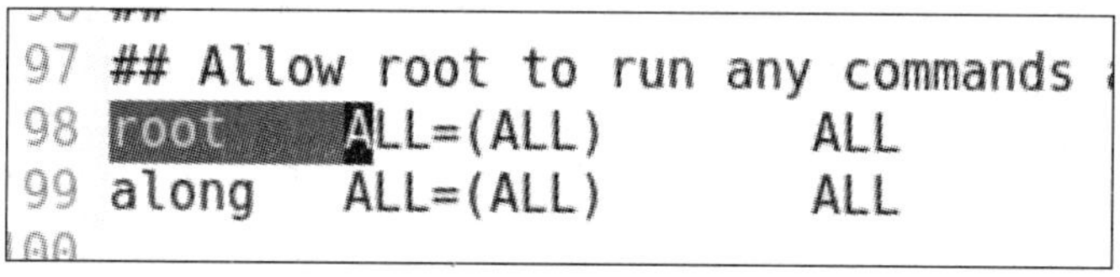

```
97 ## Allow root to run any commands
98 root      ALL=(ALL)       ALL
99 along     ALL=(ALL)       ALL
```

图 2-7　Emacs 高级查找定位

此时我们可以按一下回车键，退出搜索状态，就可以开始正常的编辑了。光标会停留在搜索到的匹配项上。如果想取消搜索，可以按“C” - “g”，光标会回到开始使用搜索的地方。这也是中断 Emacs 大部分命令的方法。

如果一直按“C” - “s”到文件末尾了，又会重新从头开始。另外，向上搜索的快捷键是“C” - “r”。

或许有人还听说过正则表达式吧。正则表达式搜索拥有更加强大的威力。Linux 下的配置文件一般是以“#”开头的作为注释，这些注释完全可以去掉，因为太多的注释会扰乱我们的注意。但手动查找删除实在是麻烦，此时我们可以用正则表达式查找所有以“#”或者“;”开头的行，然后用“C” - “k”删除。

正则查找与普通查找类似，只不过正则查找需要多按一个“Alt”键，即“C” - “M” - “s”和“C” - “M” - “r”。此时 mini buff 处会出现：Regexp，就是正则表达式的意思。如图 2-8 所示。

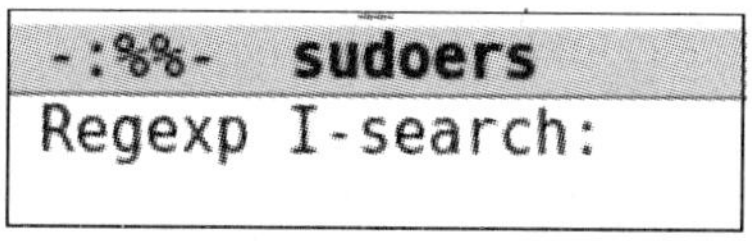

```
-:%%-  sudoers
Regexp I-search:
```

图 2-8　Emacs 正则表达式运用

搜索以“#”开头的最简单的正则表达式是这么写的：

```
^#
```

^代表一行的开头，中括号里面的字符表示任何一个都可以匹配。

更多正则表达式的内容，这里就不介绍了。大部分时候，宏会用到正则查找。

3）宏

宏用来执行一系列有规律的而且重复的任务。比如上面讲的去除所有注释。我们可以利用写好的正则表达式来实际演示一下如何使用宏。

我们还是打开 sudoers,然后按“M” -“ < ”跳转到文档最开始。接着,按下“F3”,mini buff 上的显示如图 2-9 所示。

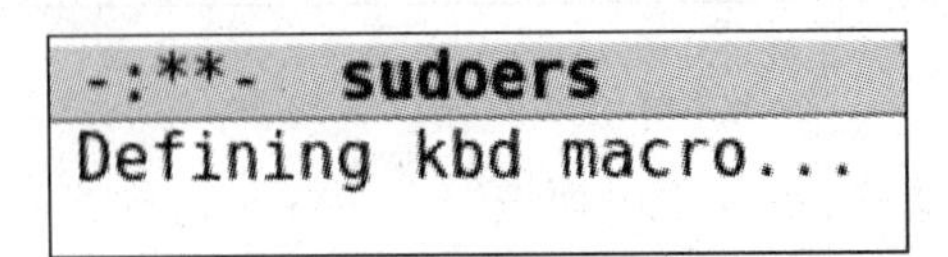

图 2-9　Emacs 宏运用

“Defining kbd macro…”的意思就是正在定义键盘宏中。下面的操作请务必一次性完成,要是失误了,按“C” -“g”取消宏定义,从头开始。依次键入:

```
C-M-s^#
```

按下回车键,此时光标移动到了“#”的后面,需要移动到开头,使用“C” -“a”,然后按“C” -“k”两下,删除一整行。按下“F4”,mini buff 上的显示如图 2-10 所示。Keyboard macro defined,意思就是键盘宏已经定义好了。

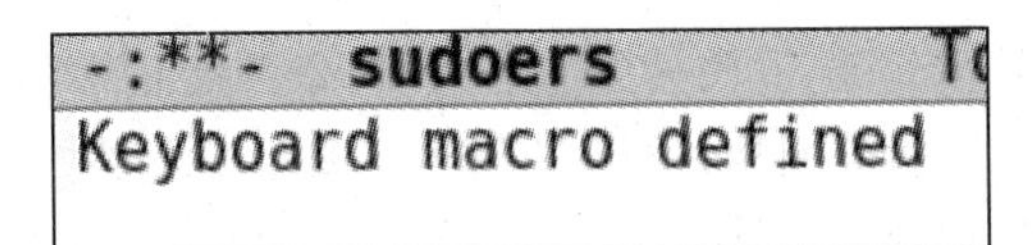

图 2-10　Emacs 宏定义

接着,我们就可以不停地按“F4”来调用这个宏,也就是反复执行如上文所述按下“F3”至“F4”之间所执行的一系列操作,Emacs 会按照顺序自动执行,我们要做的就是等待最后的结果。

如果配置文件的行数有点多,我们不停地按“F4”也会厌烦的。我们前面提到的,快速跳转到 98 行时,可以用“C” -“u”后加数字的方法指定数量,在这里也可以用到:

```
C-u 100 f4
```

这样就等于我们按了“F4”100 下。可以按照我们的需要设定次数。现在 sudoers 的配置文件的实际内容就出来了,看起来是不是一目了然了?

4)更加丰富的配置

Emacs 的配置实在是太丰富了。所以为了节约时间,我们可以借鉴其他人写好的配置文件。这里介绍使用 git 来复制一个配置好的 Emacs 配置文件。在终端执行:

```
cd
rm-fr . emacs. d
git clone https://github. com/latentlong/. emacs. d. git
```

第三行代码将会复制一个目录至家目录,这个目录中有个 init. el 的文件,也是 Emacs 启动时默认会加载的文件。

练习题

(1)结合自身的应用实践,谈谈 Vim 和 Emacs 编辑器各自的特点。

(2)请你列出至少 10 个常用的 Emacs 快捷键,并说明它的功能。

(3)请以一个简单的实例说明如何配置 Emacs 编辑器。

项目三　Samba 服务器应用

Windows 用户使用“网上邻居”就可以方便地共享文件和打印机，那么在 Linux 系统和 Windows 之间如何实现这样的共享呢？开源社区开发了名为 Samba 的服务器，它可以建立 Linux 与 Windows 操作系统间的连接，轻松实现两个异构系统平台间的文件和打印服务共享。Samba 可以说是 Linux 与 Windows 系统间用来交换信息的绝佳通道，除了文件共享与打印支持服务外，Samba 服务器还拥有与其他操作系统集成的功能。

Samba 是一个开放源代码项目，是由位于澳大利亚堪培拉的 Andrew Tridgell 于 1991 年发起开发的，目的是为了实现在类 UNIX 系统上实现与 Windows 文件及打印服务共享。

项目描述

Samba 服务器建立了 Windows 和 Linux 系统协同工作的绝佳通道，提供文件及打印服务共享，并提供与其他几乎任何角色的相互替代，本项目将基于企业现实的应用环境，重点实践局域网内异构系统间文件和打印共享服务的创建与应用。

项目目标

- 了解 SMB 协议及 Samba 工作原理
- 理解配置 Samba 服务器的主配置文件各项参数与选项
- 掌握异构系统文件与打印共享的配置与运用

3.1　背景知识

3.1.1　Samba 简介

Samba，是一种用来让 UNIX 系列的操作系统与微软 Windows 操作系统的 SMB/CIFS 网络协议做链接的自由软件。此软件在 Windows 与 UNIX 系列 OS 之间搭起一座桥梁，让两者互通有无。图 3-1 为 Samba 的标志。s、m 与 b 等 3 个字母代表着 SMB。

FTP 作为文件分享的方法已经比较成熟了，但是还是有些不方便的地方。比如，要想修改远程机器上的文件必须先下载下来。于是，NFS（Network File System）与 CIFS（Common Internet File System）就这样诞生了。Windows 用户应该知道，使用网络邻居上的共享文件夹的时候，就像是在操作自己的本地磁盘一样，十分方便舒适，不会有任何额外的操作。

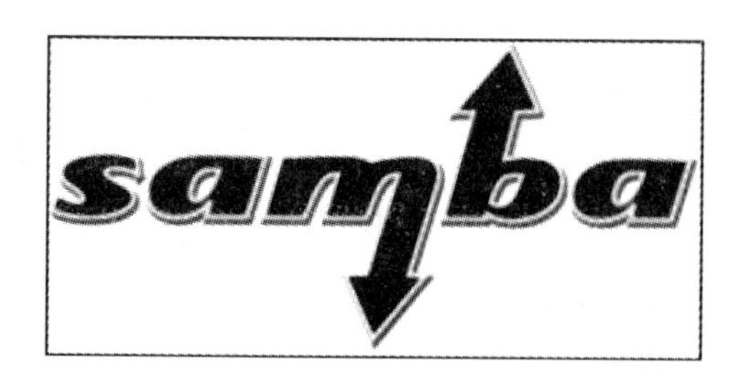

图 3-1 Samba 的标志

其中 NFS 用于 Linux 系统之间文件共享,而 CIFS 则是用于 Windows 系统。那么有没有用于 Linux 系统与 Windows 系统之间共享文件的服务呢?这就是 Samba 了。

3.3.2 Samba 历史

Samba 的作者是 Andrew Tridgell。在 1991 年的 12 月,Andrew Tridgell 还是澳大利亚国立大学计算机科学实验室的研究生。当时他有 3 台计算机,操作系统分别是 DOS、DEC 公司的Digital UNIX 和 Sun 公司的 UNIX。

DEC 公司推出了一个可以让自己公司的 UNIX 和 DOS 之间共享文件的软件,但是这个软件却不支持 Sun 的 UNIX 系统。于是 Andrew Tridgell 就自己写了一个程序来监听该软件工作时的数据包,用来分析该软件的工作方式,并且于 1992 年 1 月在网络上公布了 SMB 0.1 版本。

后来 SMB 继续发展,在为 SMB 注册商标时,因为 SMB 是无意义的文字而被当局行政部门拒绝注册,因此 Andrew Tridgell 在/Usr/dict/Words 里找到了 Samba 这个含有 SMB 而且又充满热情的词,于是 Samba 就被作为商标了。

关于 Samba 的常见用途,这里简单地列出几个例子:

- 简单文件共享
- 私人文件存储
- 打印机共享

说明一下这些应用环境:

简单文件共享,就是和我们在 Windows 上用文件共享一样,可以方便地上传下载和修改文件而不用担心 Windows 识别不出 Linux 文件格式。

私人文件存储,就是每个人可以有自己的空间存放文件,且访问需要密码。

打印机共享,就是将打印机共享给该局域网内的所有机器。为什么不用 Windows 共享打印机呢?众所周知,Linux 系统稳定性比 Windows 要好,适合长时间开机,而且也更安全,这样更适合共享打印机这种办公必需的设备。

3.2 项目解决方案与实施

任务 1 Samba 服务器的安装与配置

安装很简单,使用一个 yum 命令就可以搞定:

```
# yum install samba
```

因此下面主要介绍配置。

1) Samba 的配置文件

Samba 的主要配置文件就是一个:smb. conf,在/etc/samba 这个文件夹下。

2) 配置工作组 WORKGROUP

我们使用 Emacs 打开 Samba 的配置文件,如图 3-2 所示。

```
86 # max protocol = used to define the
87 # can set it to SMB2 if you want exp
88 #
89     workgroup = WORKGROUP
90     server string = Samba Server Ve
91
92     netbios name = CentOS-HyperV
93
94 ;   interfaces = lo eth0 192.168.12.
```

图 3-2　打开 Samba 配置文件

```
# emacs/etc/samba/smb. conf
```

Windows 默认的工作组是 WORKGROUP,而在 Samba 服务器里默认的工作组不是 WORKGROUP,所以我们要修改成与 Windows 一样,如图 3-3 所示。

```
85 #
86 # max protocol = used to define t
87 # can set it to SMB2 if you want
88 #
89     workgroup = WORKGROUP
90     server string = Samba Server
91
92 ;   netbios name = MYSERVER
93
94 ;   interfaces = lo eth0 192.168
```

图 3-3　修改工作组

```
workgroup = WORKGROUP
```

3) 配置共享计算机标识名 netbios name

接下来是 92 行左右的 netbios name。这个选项有什么用呢? 如果我们打开Windows的“网络邻居”时可以发现很多计算机,这些计算机显示的名字就是 netbios name。也就是说,我们设置了这个键的值后,别人在“网络邻居”里就能看到这里设置的名字从而快速找到我们的计算机,否则就需要直接输入 IP 地址来访问我们的共享内容。

例如,我们可以把自己的 netbios name 设置成自己名字拼音的缩写,这样班里其他同学就能访问几乎所有同学的共享文件而不用记住多个 IP。设置这个 netbios name,要先去掉前面的分号,再把后面的改成自己喜欢的名字就行:

```
netbiosname = CentOS-HyperV
```

下面是笔者开启了 netbios name 之后的截图,如图 3-4 所示。

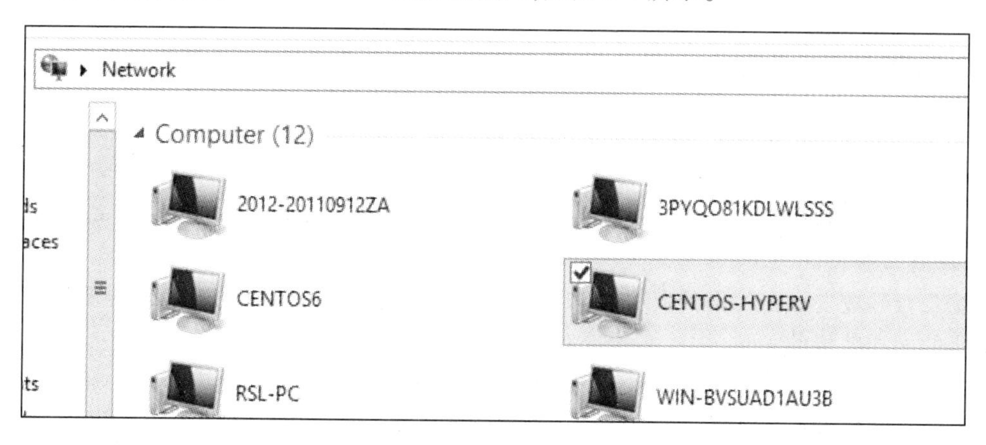

图 3-4 查看 netbios name 的结果

4)启动 Samba 服务

首先检查配置文件有没有错误:

```
# testparm
```

结果如图 3-5 所示。看到类似这样的输出,倒数第三行最后有个“OK”就说明没问题了。Samba 主服务可以用以下命令启动:

```
309 [root@localhost guest]# testparm
310 Load smb config files from /etc/samba/smb.conf
311 rlimit_max: increasing rlimit_max (1024) to min
312 Processing section "[homes]"
313 Processing section "[printers]"
314 Processing section "[guest]"
315 Loaded services file OK.
316 Server role: ROLE_STANDALONE
317 Press enter to see a dump of your service defin

 U:**-  *shell*        Bot (318,0)    (Shell:run vl
```

图 3-5 测试 samba 配置的文件语法

```
# systemctl start smb
```

要想让之前设置的 netbios name 生效,还需要启动 nmb 服务:

```
# systemctl start nmb
```

查看 smb 的启动结果信息,可以将 start 替换成 status:

```
# systemctl status smb
```

任务2　简单文件共享配置

这是一个很简单的例子:打造一个全局域网都能访问的文件共享服务器,且不需要密码。一般来说,不需要密码是很危险的,所以这种简便的设置请尽量在可以信任的环境中设置。

1)创建共享文件夹

```
# mkdir-p/var/samba/public_share
# chown ftp:ftp/var/samba/public_share
```

使用-p选项可以让/var/samba文件夹不存在的时候正常创建public_share文件夹,否则mkdir将直接报错。

第二行是改变该文件夹的所有者和所有组都为ftp形式。因为这个目录是要给下一小节指定的用户使用的。

以后将在/var/samba这个文件夹下存放其他共享目录。

接下来是修改配置文件,使得Samba服务能不需要密码而直接访问。

2)配置GUEST访问

在[global]节内配置guest如图3-6所示。定位到security = user处,然后添加以下三行配置:

```
122
123         security = user
124         guest ok = yes
125         map to guest = Bad User
126         guest account = ftp
127         passdb backend = tdbsam
```

图3-6　guest访问配置相关参数

```
guest ok = yes
map to guest = Bad User
guest account = ftp
```

添加的第一行是开启guest功能,否则下面两行都不起作用。

第二行指定用户名错误时将使用guest模式。即直接登录时,若用户名为空,将开启guest模式。

第三行将指定使用guest模式时所对应的账号。这里ftp是系统自带的一个账号。

3)添加共享条目

最后我们在smb.conf的最后添加一个共享条目,如图3-7所示。

```
324
325 [public_share]
326     path = /var/samba/public_share
327     writeable = yes
```

图 3-7　guest 访问配置共享条目参数

```
[public_share]
    path = /var/samba/public_share
    writeable = yes
```

第一行用方括号括起来的就是共享名。

第二行指定了这个共享使用的目录。

第三行将开启可写。为了安全起见,默认的 guest 模式是关闭可写状态的。

4)查看结果

现在来验收我们的最终成果。在 Windows 中打开“网络”,然后找到自己之前设置的 netbios name,双击,能直接打开,并看到类似如图 3-8 所示结果,这样简单的文件共享就成功了。

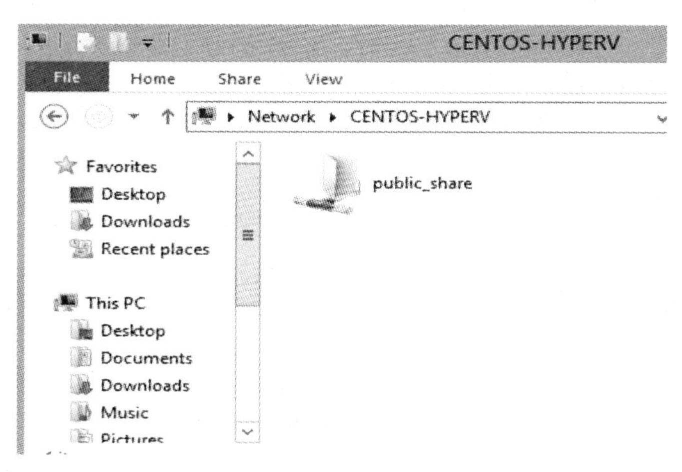

图 3-8　guest 共享目录测试

任务 3　私人文件存储配置

大部分情况下,我们都希望能有属于自己的空间来存放文件,因此需要使用用户名和密码访问指定目录。

1)创建用户

在 CentOS 系统中创建一个测试用户,用户名就叫作 smb-1:

```
#useradd smb-1-g users-b/var/samba
```

-g 选项是指定用户组。这里指定的是 CentOS 自带的一个普通用户组。

-b 是指定用户的家目录的存放地址。这里将会在/var/samba 下按照用户名创建家目录。

现在查看下 Samba 文件夹的内容,如图 3-9 所示,可以看到出现了一个权限为 700、典型的 samba 用户的家目录。

```
386 [root@localhost samba]# pwd
387 /var/samba
388 [root@localhost samba]# ll
389 total 0
390 drwxr-xr-x 2 ftp   ftp   22 Nov 18 00:21 public_share
391 drwx------ 3 smb-1 users 87 Nov 18 02:55 smb-1
392 [root@localhost samba]# 
 U:**-  *shell*        Bot (392,24)   (Shell:run vl Wrap)
```

图 3-9 查看 Samba 用户信息

2)创建密码

Samba 里创建的用户可以不必设置系统密码,要使用登录密码可以使用 Samba 自带的命令 smbpasswd 来创建。这样的好处是,该用户没有系统密码,就不能直接登录到 Linux 系统,可以增加安全性。

添加访问共享内容时的密码:

```
# smbpasswd-a smb-1
```

该命令要求用户输入两次密码,且无健壮性要求。

如图 3-10 所示,添加了 Samba 的 smb-1 用户的密码。为便于读者记忆,这里采用和用户名 smb-1 一样的密码。

```
392 [root@localhost samba]# smbpasswd -a smb-1
393 New SMB password:
394 Retype new SMB password:
 U:**-  *shell*        Bot (394,24)   (Shell:run
 Retype new SMB password:.....
```

图 3-10 添加 Samba 用户的密码操作

3)修改配置文件

为了增加共享条目,我们可以使用两种方法。

第一种是按照任务 2 讲的,直接增加[smb-1]节的配置,第二种就是修改[homes]节的配置。

如果是直接增加[smb-1]节,只要再增加至少一行 path 选项就可以了。可是如果要增加大量用户的共享,就需要添加很多行。

通过在终端查阅 man 手册:

```
# man smb. conf
```

可知,如果[homes]节出现在配置文件中,客户端使用的家目录将被服务器自动生成。

不过前提条件是,用户在客户端输入了配置文件里没有的共享名,也就是方括号里的内容。

当连接的请求被建立的时候,在配置文件里的共享配置节点将被逐一扫描,如果有共享名完成匹配,那么就直接采用该节点的配置,否则就将该共享名作为用户名在 Linux 系统上进行查找。

如果找到了,并且输入了正确的密码(这里的密码应该是使用 smbpasswd 设置的密码),那么就将[homes]节的配置作为模板动态创建一个新的共享。并且如果没有设置 path 这个选项,将默认采用该用户的家目录作为共享目录。

下面来重新修改配置文件:首先,按照图 3-11 所示,将之前添加的三行都注释掉。之后检查一下[homes]节的选项是不是和图 3-12 一样,其实有用的就是 browseable 和 writeable 这两个选项。

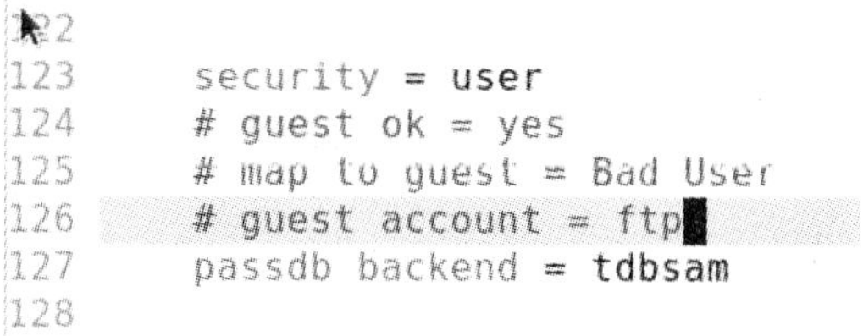

```
122
123        security = user
124        # guest ok = yes
125        # map to guest = Bad User
126        # guest account = ftp
127        passdb backend = tdbsam
128
```

图 3-11　修改[homes]节配置文件

```
285 [homes]
286        comment = Home Directories
287        browseable = no
288        writable = yes
```

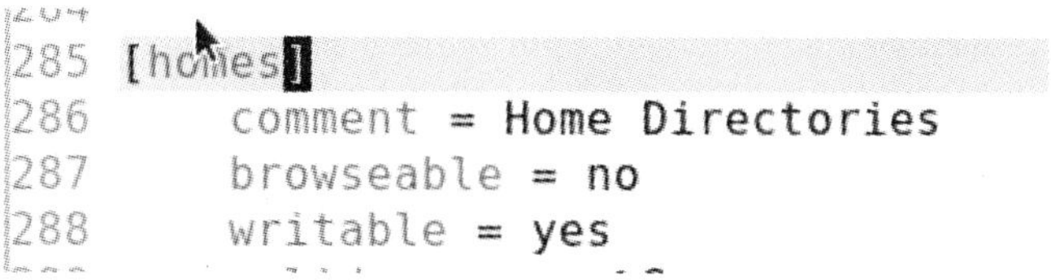

图 3-12　修改后的[homes]节配置文件

此时,可以重启一下 smb 服务器,之后就在 Windows 上查看效果:

```
# systemctl restart smb
```

4)查看结果

在查看之前,我们需要断开之前建立的连接,在 Windows 的命令行里输入:

```
C:>net use
```

此时,可以看到之前建立的连接。如果我们不先断开,Windows 会默认按照之前连接的用户名和密码自动连接。所以使用以下命令断开连接:

```
C:≫net use * /delete/yes
```

我们再次连接共享文件夹:在资源管理器的地址栏输入 netbios name 之后,跳出了一个对话框来让我们输入用户名和密码(如图 3-13 所示):根据本任务的 1)处的操作,这里用户名和密码都输入 smb-1 即可。然后就能看到 Linux 下 Samba 共享出的内容了,如图 3-14 所示。

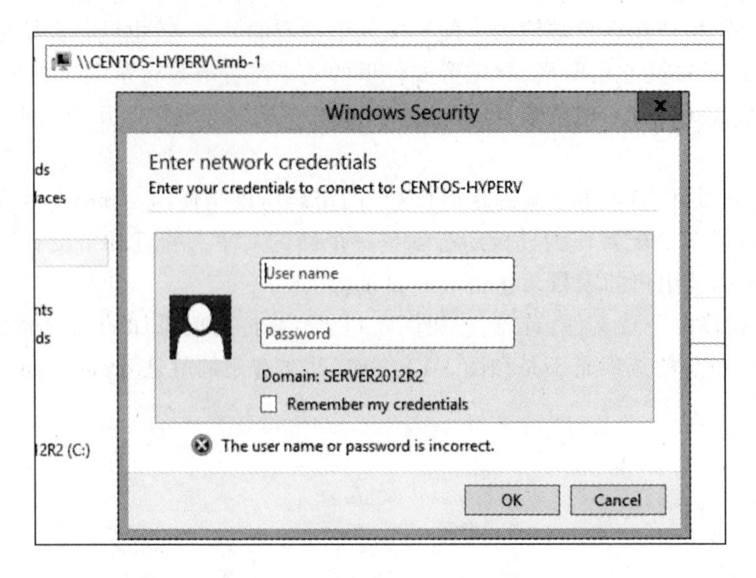

图 3-13　Windows 下连接 samba 共享—输入账号和密码

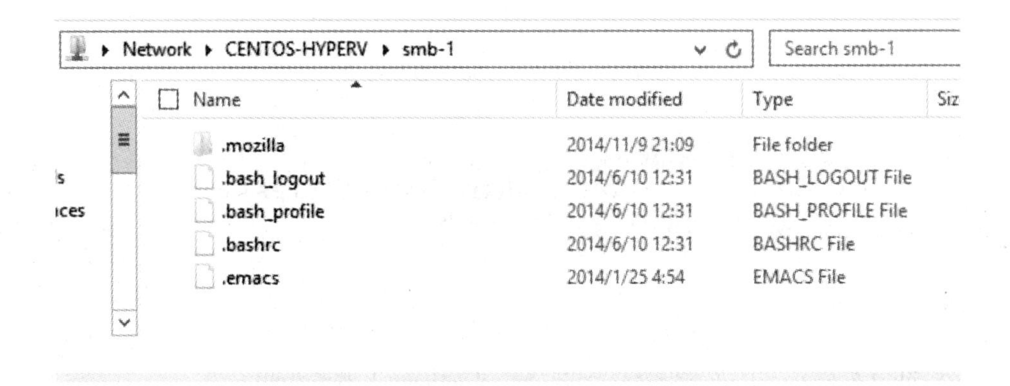

图 3-14　Windows 下查看 Samba 共享资源

我们在 CentOS 7 下查看一下 smb-1 的家目录内容，看是否符合 Windows 下看到的内容，如果完全一样就说明配置成功了。如图 3-15 所示。

```
548 [root@localhost samba]# ll -a smb-1/
549 total 16
550 drwx------ 3 smb-1 users  87 Nov 18 02:55 .
551 drwxr-xr-x 4 root  root   37 Nov 18 02:55 ..
552 -rw-r--r-- 1 smb-1 users  18 Jun 10 12:31 .bash_logout
553 -rw-r--r-- 1 smb-1 users 193 Jun 10 12:31 .bash_profile
554 -rw-r--r-- 1 smb-1 users 231 Jun 10 12:31 .bashrc
555 -rw-r--r-- 1 smb-1 users 334 Jan 25  2014 .emacs
556 drwxr-xr-x 4 smb-1 users  37 Nov  9 21:09 .mozilla
557 [root@localhost samba]# █
```

图 3-15　CentOS 7 下 Samba 共享的资源

任务 4　打印机共享配置

本任务将分别介绍 CentOS 7 共享打印机和 Windows 共享打印机的方法。我们首先要把

Linux 打印服务器通过 Samba 服务器共享给 Windows 客户机。要实现此功能,先需要安装好 Linux 打印驱动程序,实现 Linux 系统下的本地打印,这里以 HP LaserJet Pro1566 打印机为例,来实践如何安装该打印机在 Linux 系统下的驱动程序。

1)安装并配置本地 Linux 打印机

HPLIP(HP Linux Imaging and Printing)是惠普公司发起和管理的一个项目,其目标是让 Linux 系统能够支持惠普的喷墨打印机和激光打印机的打印、扫描和传真功能。它所提供的驱动程序,共支持 1980 个 HP 打印机型号。hplip 的下载地址:www. http://hplipopensource.com/hplip-web/downloads.html;hplip-plugin 下载地址:http://www.openprinting.org/download/printdriver/auxfiles/HP/plugins/。

具体在 CentOS 7 下安装 HP LaserJet Pro1566 驱动的步骤如下:

①查询 hplip 软件包,如图 3-16 所示。

```
#   yum search hplip
```

②根据查询的结果,进行软件包的安装;因为我们这里使用的是 64 位 CentOS 7 系统,所以在线安装 hplip-common.x86_64、hplip-gui.x86_64、hplip-libs.x86_64 和 hplip.x86_64 等 4 个软件包,使用如下命令:

```
# yum installhplip-common.x86_64
hplip-gui.x86_64hplip-libs.x86_64 hplip.x86_64
```

③安装 CUPS 打印机管理软件包:

```
#yum install cups
```

④查询到的 HPLIP 版本号如图 3-17 所示,显示安装的 HPLIP 的版本号为 hplip-3.13.7-6.el7.x86_64,下载安装对应的 hplip-3.13.7-plugin.run 插件,如图 3-18 所示,下载地址参见前面所列。所下载的 hplip 软件包见图 3-19 所示。

```
#rpm   -q   hplip
```

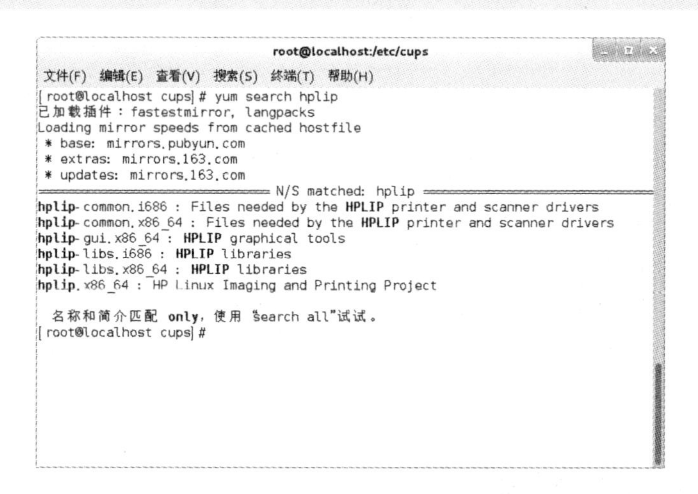

图 3-16　查询 hplip 软件包

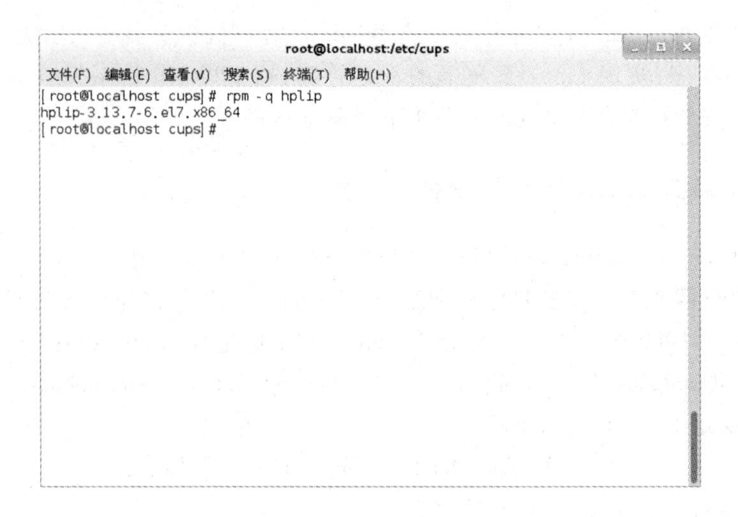

图 3-17 查询 hplip 版本号

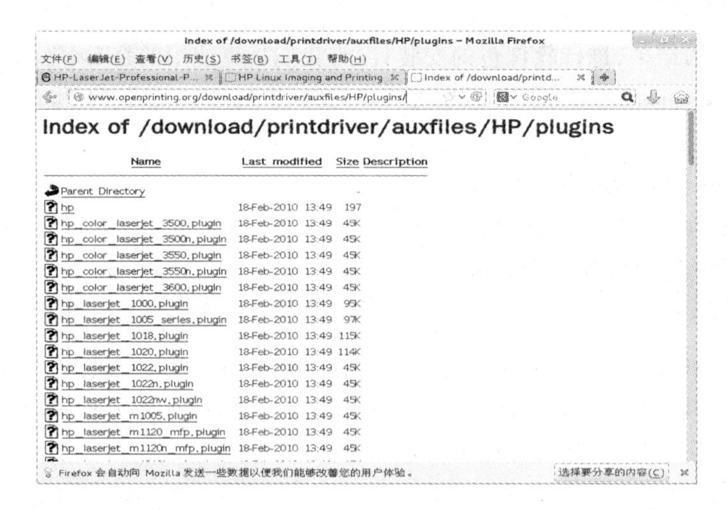

图 3-18 下载 hplip-plugin 的网站

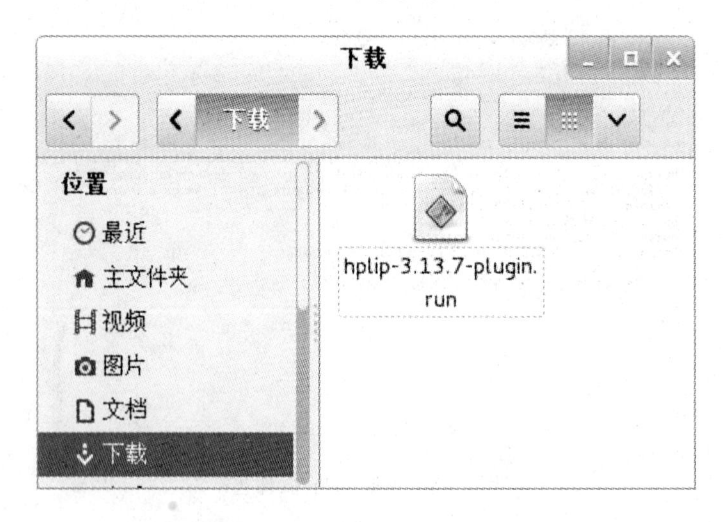

图 3-19 所下载的 hplip 软件包

```
#cd  /root/下载                          //默认下载地址为此目录
#chmod + x hplip-3. 13. 7-plugin. run   //本系统为 hplip-3. 13. 7 版本如图 3-19 所示
#. /hplip-3. 13. 7-plugin. run          //安装 hplip-plugin
```

至此,打印机的驱动程序已经安装完毕,下面开始添加并管理打印机。

2)应用 CUPS 配置本地 Linux 打印机

CUPS(Common UNIX Printing System,通用 UNIX 打印系统)是 Fedora Core3 中支持的打印系统,它主要是使用 IPP(Internet Printing Protocol)来管理打印工作及队列,但同时也支持 LPD(Line Printer Daemon)和 SMB(Server Message Block)以及 AppSocket 等通信协议。

CUPS 给 Unix/Linux 用户提供了一种可靠、有效的方法来管理打印。它支持 IPP,并提供了 LPD、SMB(服务消息块,如配置为微软 Windows 的打印机)、JetDirect 等接口。CUPS 还可以浏览网络打印机。安装好 CUPS 软件包后,打开浏览器,输入:localhost:631,打开 CUPS 管理界面,如图 3-20 所示。

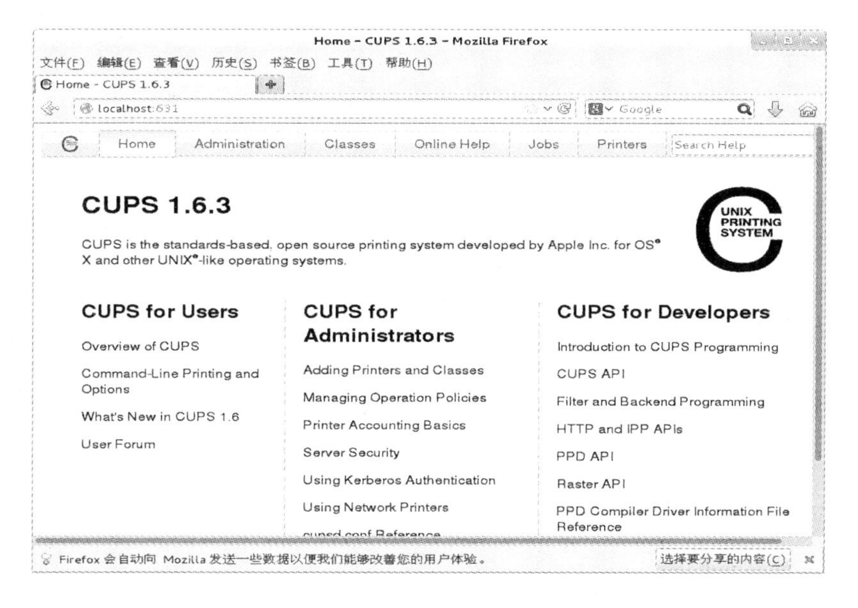

图 3-20 CUPS 管理界面

在如图 3-20 所示的界面,单击"Administration"选项卡,进入如图 3-21 所示界面,单击"Add Printer"按钮,进入如图 3-22 所示界面,在这里选中"HP LaserJet Professional P1566"单选按钮,并单击下方的"Continue"按钮,进入图 3-23 界面继续单击"Continue"按钮,进入如图 3-24 所示的 Add Printer 界面,在这里单击"Model"下拉菜单,选中"HP LaserJet Professional P1566. hpcups3. 13. 7. requires proprietary plugin(en)"选项,再单击下方的"Add Printer"按钮,进入如图 3-25 所示的设置打印机默认选项界面,这里可以单击下方的"Set Default Options"按钮,完成打印机的添加,进入图 3-26 所示界面,单击左侧的"Maintenance"下拉菜单,单击"Print Test Page"选项,如图 3-26 所示,打印机开始工作,打印测试页成功,至此,本地打印机配置成功。

图 3-21　CUPS 下管理打印机

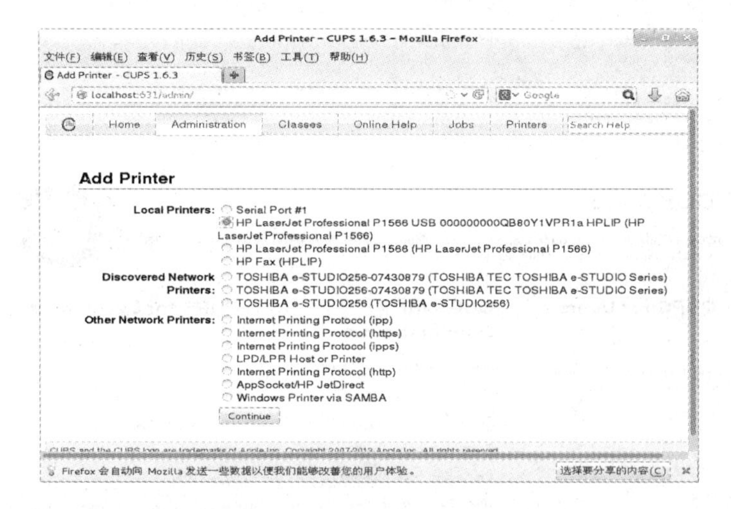

图 3-22　CUPS 下添加打印机 1

图 3-23　CUPS 下添加打印机 2

图 3-24　CUPS 下添加打印机 3

Set Printer Options - CUPS 1.6.3 - Mozilla Firefox

文件(F) 编辑(E) 查看(V) 历史(S) 书签(B) 工具(T) 帮助(H)

Home　Administration　Classes　Online Help　Jobs　Printers

Set Default Options for HP_LaserJet_Professional_P1566

General　Banners　Policies

General

Media Size: A4 210x297mm

Media Source: Auto-Select

Print Quality: Normal

Set Default Options

Firefox 会自动向 Mozilla 发送一些数据以便我们能够改善您的用户体验。　选择要分享的内容(C)

图 3-25　CUPS 下添加打印机 4

HP_LaserJet_Professional_P1566 - CUPS 1.6.3 - Mozilla Firefox

文件(F) 编辑(E) 查看(V) 历史(S) 书签(B) 工具(T) 帮助(H)

Home　Administration　Classes　Online Help　Jobs　Printers

HP_LaserJet_Professional_P1566 (Idle, Accepting Jobs, Shared)

Maintenance　Administration

Description: HP LaserJet Professional P1566

Location:

Driver: HP LaserJet Professional p1566, hpcups 3.13.7, requires proprietary plugin (color, 2-sided printing)

Connection: hp:/usb/HP_LaserJet_Professional_P1566?serial=000000000QB80Y1VPR1a

Defaults: job-sheets=none, none media=iso_a4_210x297mm sides=one-sided

Jobs

Search in HP_LaserJet_Professional_P1566:　Search　Clear

Show Completed Jobs　Show All Jobs

No jobs.

Firefox 会自动向 Mozilla 发送一些数据以便我们能够改善您的用户体验。　选择要分享的内容(C)

图 3-26　CUPS 下添加打印机 5

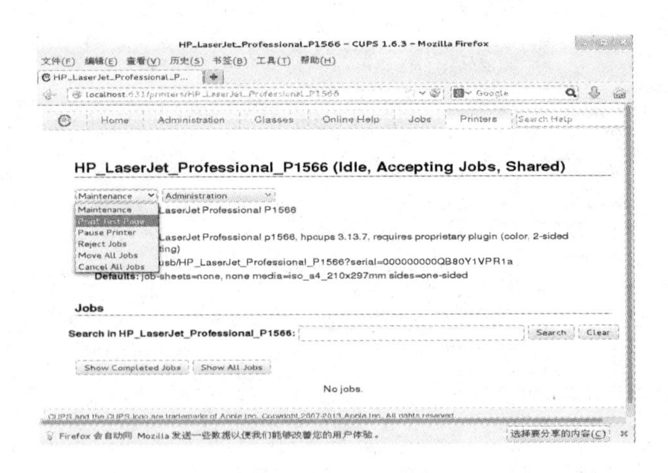

图 3-27　CUPS 下添加打印机 6

3）由 CentOS 7 共享打印机

在 CentOS 7 下配置 Samba 服务器，共享 Linux 打印机。

```
#yum install samba smbclient        //安装 samba 服务器及客户端
#vi  /etc/samba/smb. conf           //打开 samba 主配置文件，编辑/添加如下选项：
```

①在[global]全局配置文件节里编辑：

```
[global]
……
workgroup = WORKGROUP
……
```

②在共享配置[printer]节里编辑如下参数：

```
[printer]
comment = All Printerspath =/var/spool/sambabrowseable = yespublic = yes    guest ok = no
writable = noprintable = yes
```

③保存修改的 smb. conf 文件，并重启 smb 服务，在终端执行如下命令：

```
#systemctl restart smb   //重启 samba 服务器
```

④添加一个普通用户并配置为 samba 用户，执行如下命令：

```
#useradd david                     //添加普通用户 david
#passwd david                      //给 david 用户配置密码 123456
#smbpasswd-a david                 //添加 samba 用户并配置用户密码 123
#systemctl stop firewalld          //关闭 firewalld 服务
#systemctl start/stop iptables     //关闭 iptables 服务
```

4）在 Windows 7 下连接 CentOS 7 共享的打印机

配置好了 Linux 下 samba 打印机共享，再将视角切换到 Windows 下，来看看 Windows 该如何添加 Linux 共享的打印机。

（1）安装 Windows 打印驱动程序

先将我们的目标打印机连接到一个 Windows 7 系统的机器上，然后开启打印机电源。接着开始安装目标打印机的 Windows 驱动程序，驱动程序如图 3-28 所示，双击该驱动程序，安装文件经过解压后，进入安装界面，如图 3-29 所示。

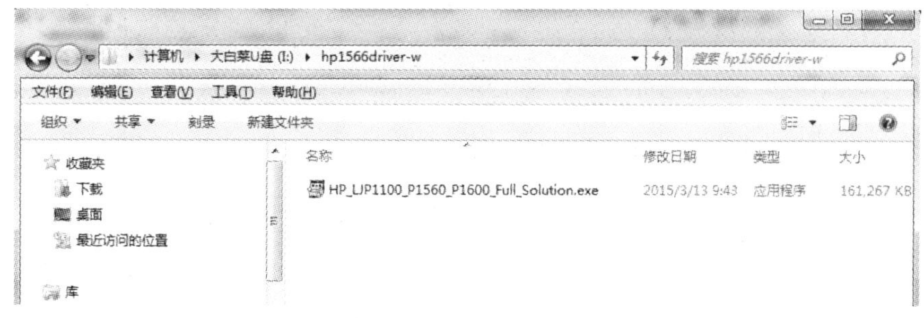

图 3-28 HP Laserjet P1566 Windows 打印驱动

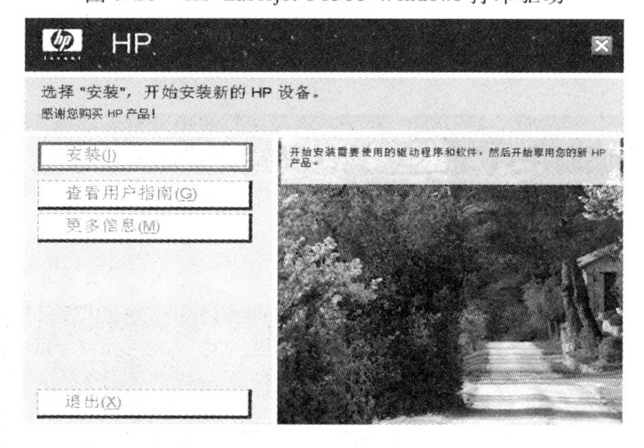

图 3-29 添加 Windows 打印机驱动 1

在图 3-29 所示界面单击"安装"按钮，进入如图 3-30 所示界面，在这里选择"简易安装"选项，并单击"下一步"按钮，进入如图 3-31 所示界面，选择如图所示的与目标打印机 P1566 对应的"HP Laserjet Professional P1560 Series"选项，单击"下一步"按钮，进入安装进程，如图 3-32 所示，直至完成 Windows 下目标打印机的安装，如图 3-33 所示，选中"打印测试页"，单击"下一步"按钮，完成打印测试页任务，成功完成打印驱动安装如图 3-34 所示。

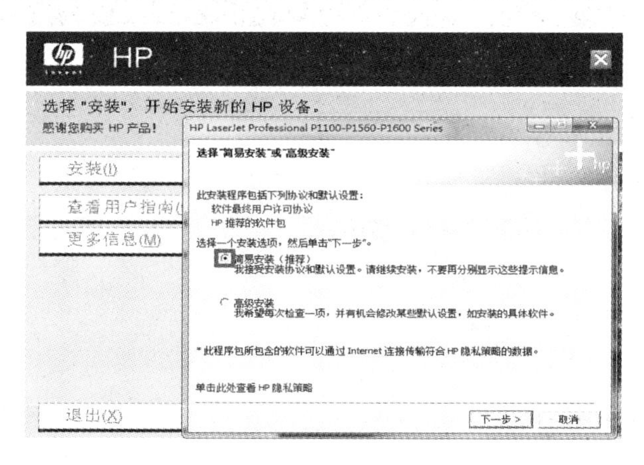

图 3-30 添加 Windows 打印机驱动 2

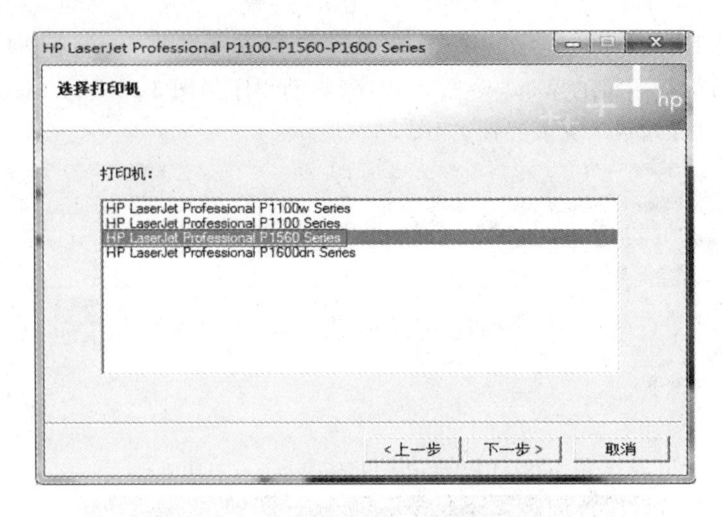

图 3-31　添加 Windows 打印机驱动 3

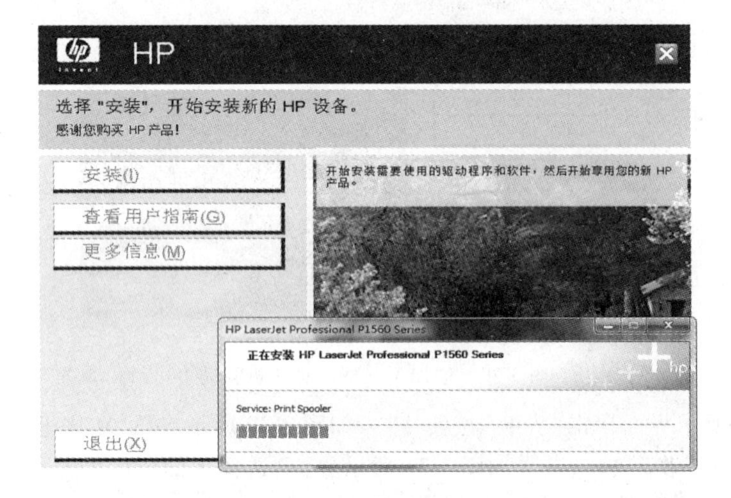

图 3-32　添加 Windows 打印机驱动 4

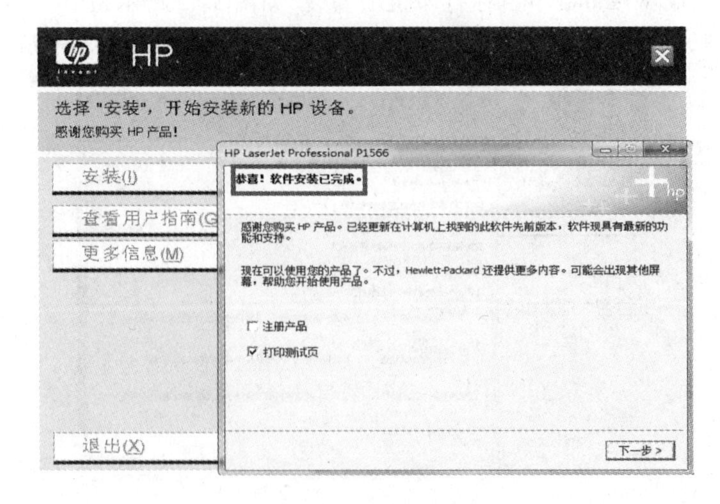

图 3-33　添加 Windows 打印机驱动 5

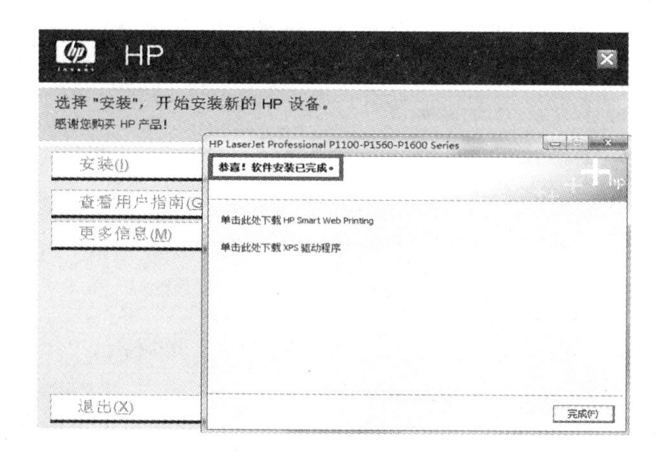

图 3-34　添加 Windows 打印机驱动 6

(2)添加 Linux 共享打印机

安装好 Windows 打印驱动后，拆下目标打印机，连接到 Linux 服务器上，接着在Windows 7系统的计算机上打开资源管理器，输入：\10. 113. 12. 69(Linux 服务器的 IP)，如图 3-35 所示，单击回车键后进入如图 3-36 所示界面；在这里单击"HP_Laserjet_Professional_P1566"图标，弹出对话框提示"找不到驱动程序"，如图 3-37 所示，单击"确定"按钮，进入如图 3-38 所示界面，选择目标打印机，单击"确定"按钮，弹出如图 3-39 所示界面，至此共享打印机添加成功。

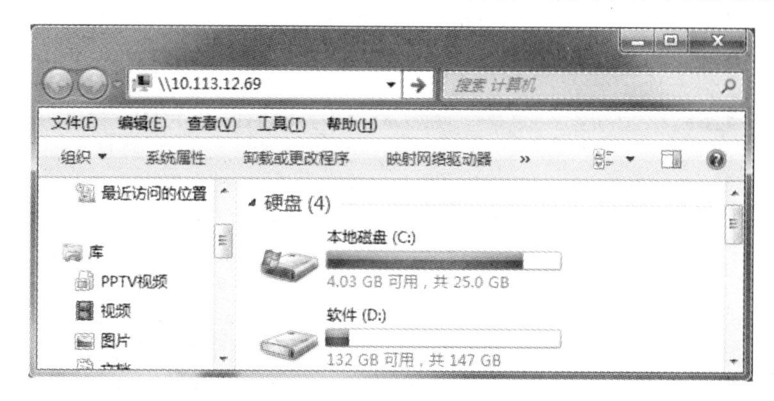

图 3-35　添加 Linux 共享打印机 1

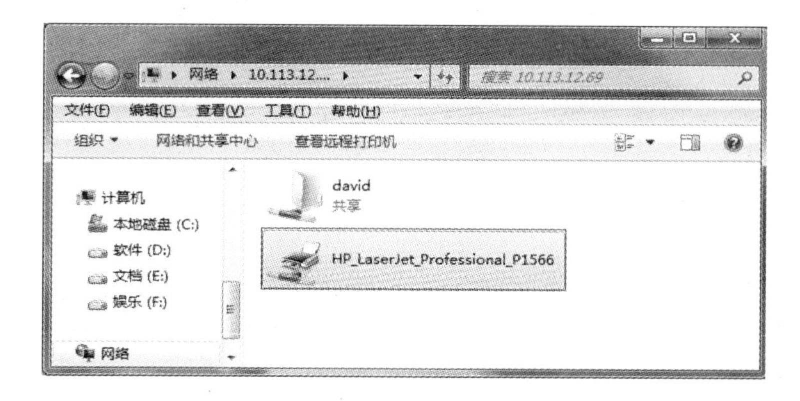

图 3-36　添加 Linux 共享打印机 2

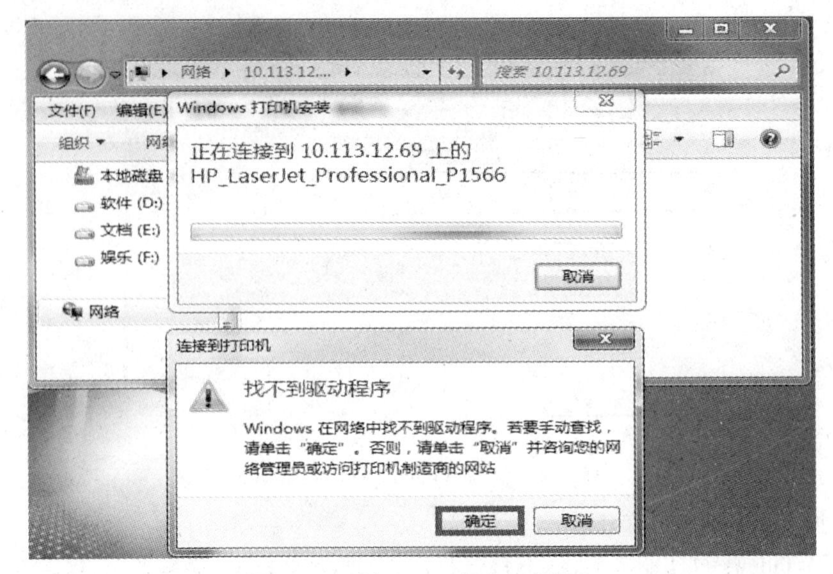

图 3-37　添加 Linux 共享打印机 3

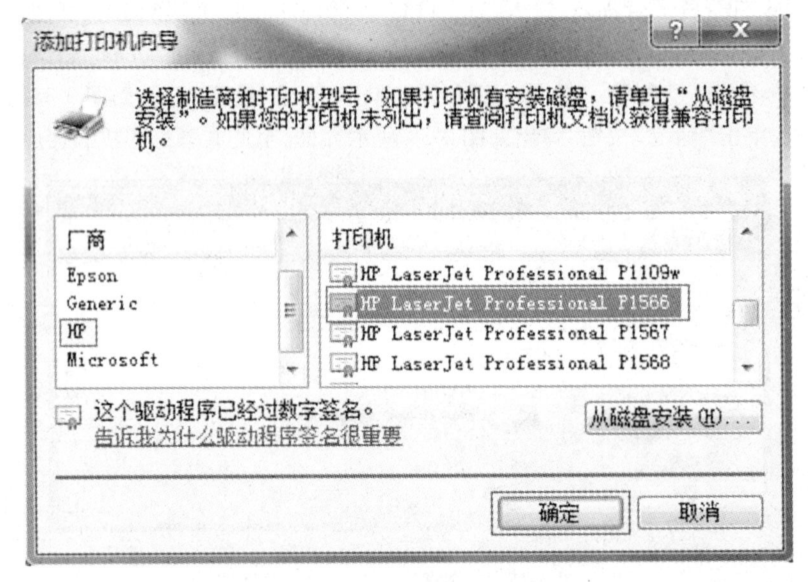

图 3-38　添加 Linux 共享打印机 4

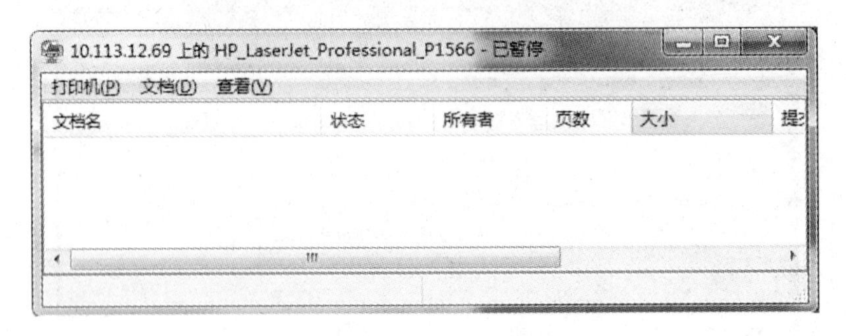

图 3-39　添加 Linux 共享打印机 5

(3)在 Windows 下测试 Linux 共享打印机

最后在 Windows 里单击“开始”→“设备和打印机”，进入如图 3-40 所示界面，至此确认打印机已经成功添加。可以在 Windows 下测试打印机的使用了。

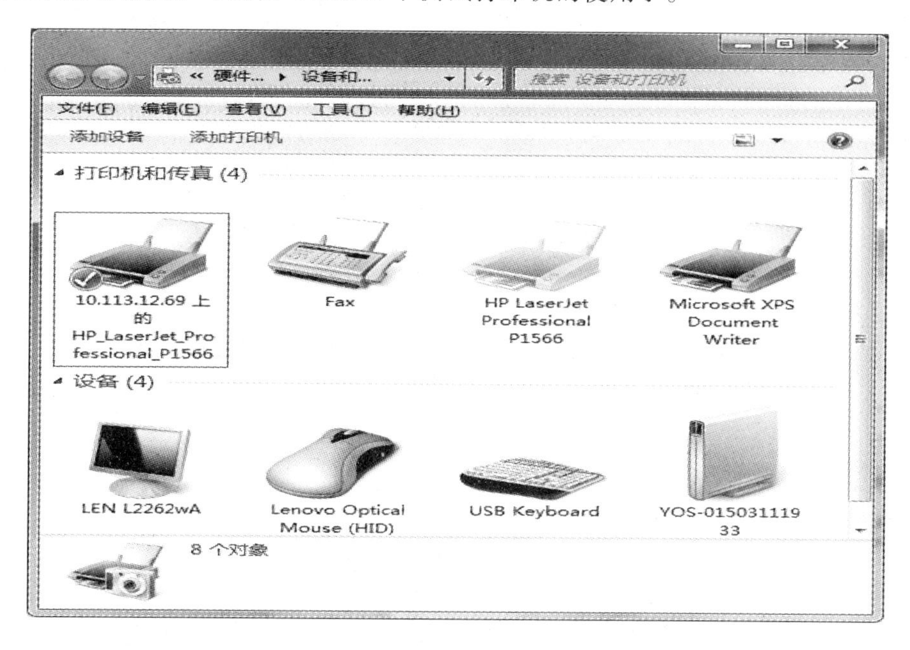

图 3-40　添加 Linux 共享打印机 6

用 WPS office 打开一个 Word 文档如图 3-41 所示，单击“WPS...”→“文件”→“打印”，弹出如图 3-42 所示的“打印”设计窗口，根据自己的需要设置好打印选项，单击下方的“确定”按钮，开启打印任务进程。至此，共享 Linux 打印机的测试任务完成。

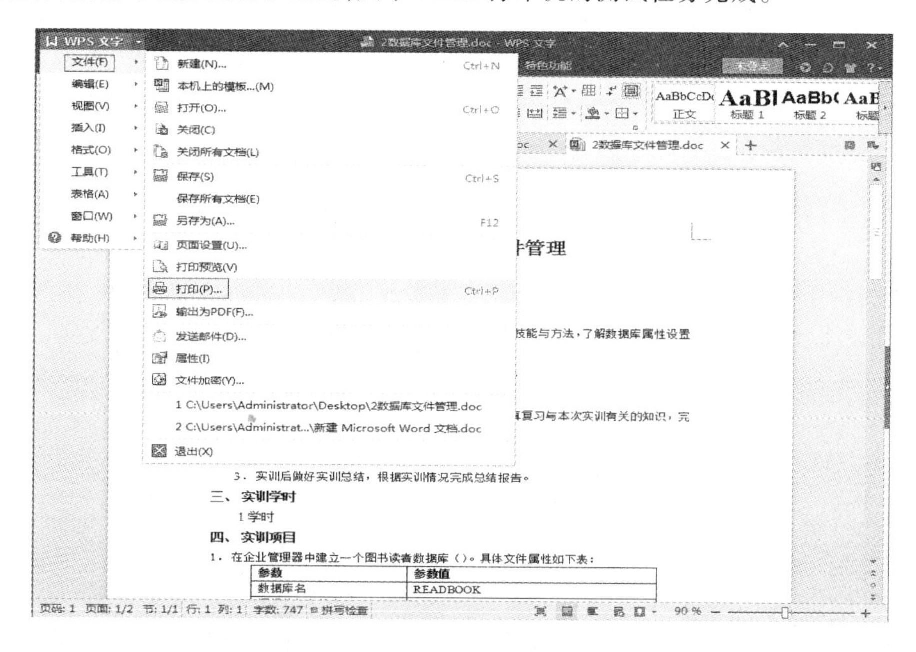

图 3-41　在 Windows 下测试 Linux 共享打印机 1

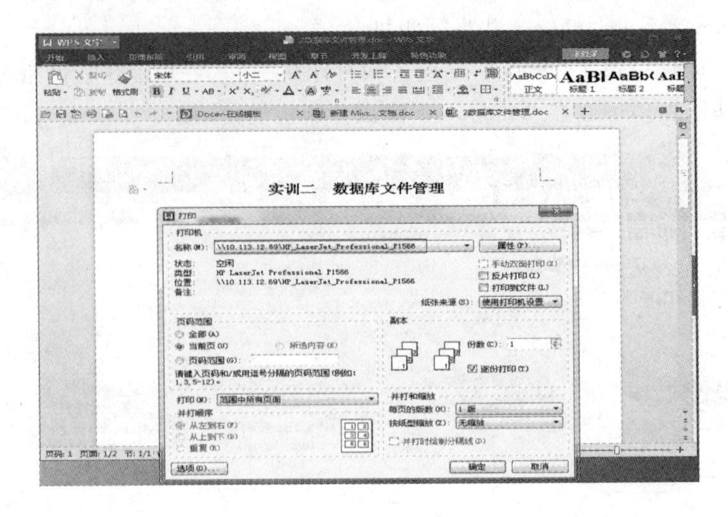

图 3-42　在 Windows 下测试 Linux 共享打印机 2

练习题

(1)请举例简要说明 Samba 配置文件的语法测试命令 testparm 的运用。

(2)请简要说明 Samba 的典型应用环境和主要功能。

(3)请举例说明配置 Samba 服务器的关键步骤。

(4)结合自身应用实践,简要说明配置 Samba 服务器中遇到故障时的排除方法。

项目四　DHCP 服务器配置与应用

DHCP 服务基于客户端/服务器工作模式,局域网内的客户端计算机(配置为自动获取 IP 地址时)启动时,它会自动与 DHCP 服务器通信,要求提供自动分配 IP 地址服务,域内的 DHCP 服务器会响应请求。

在大学的校园网络中,各个部门及实训室拥有的计算机有几千甚至几万台之多,如果要为这些机器逐一进行 IP 地址的配置绝不是件轻松的事情。为了更方便地完成这些工作,很多时候会采用动态主机配置协议(Dynamic Host Cofiguration Protool,DHCP)服务来自动为客户端配置 IP 地址、默认网关等信息。本项目的主要实践任务是完成局域网内架设 DHCP 服务器的工作;在这之前,首先应当对整个网络进行规划,确定网段的划分及每个网段可能的主机数量等信息。

项目目标

- 了解 DHCP 服务器的作用
- 理解 DHCP 的工作原理
- 掌握 DHCP 服务器的基本配置
- 掌握 DHCP 客户端的配置测试与实际应用

4.1　背景知识

4.1.1　DHCP 简介

DHCP 是一个简化主机 IP 地址分配管理的 TCP/IP 标准协议,用户可以利用 DHCP 服务器管理动态 IP 地址的分配及其他相关的网络环境配置工作,如:DNS 服务器、Gateway(网关)的设置。

DHCP 工作机制可以分为服务器和客户端两部分,服务器使用固定的 IP 地址,在局域网中扮演着给客户端提供动态 IP 地址、配置 DNS 等网管的角色。客户端与 IP 地址相关的配置信息,都在客户端启动时由服务器自动分配。

4.1.2 DHCP 工作原理

1)DHCP 工作原理

DHCP 客户端申请 IP 地址、获得 IP 地址的过程一般分为 4 个阶段,如图 4-1 所示。

(1)DHCP 客户端发出 IP 租约请求

DHCP 客户端初始化 TCP/IP,通过 UDP 端口 67 向网络中发送一个 DHCPDISCOVER 广播包,请求租用 IP 地址。包中包含客户端的 MAC 地址和计算机名,该信息包发送给 UDP 端口 67,即为 DHCP/BOOTP 服务器端口的广播信息包。

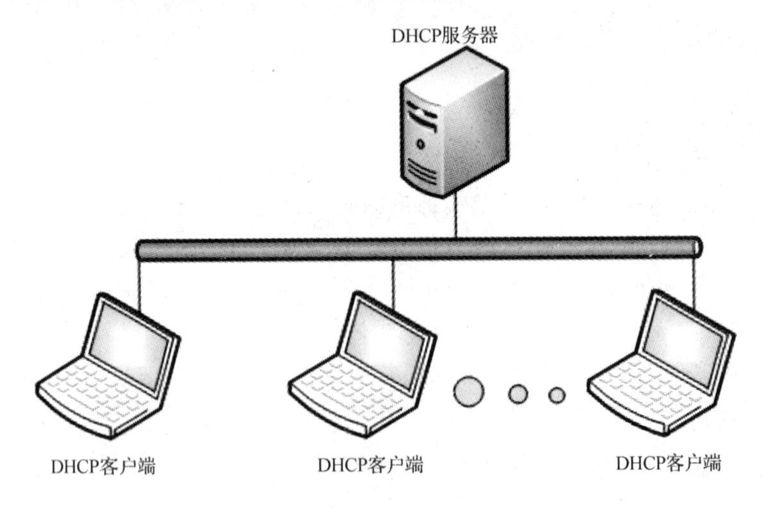

图 4-1 DHCP 工作原理

(2)DHCP 服务器提供 IP 地址

任何接收到 DHCPDISCOVER 广播包并且能够提供 IP 地址的 DHCP 服务器,都会通过 UDP 端口 68 给客户端回应一个 DHCPOFFER 广播包并提供一个 IP 地址。该广播包的源 IP 地址为 DCHP 服务器 IP,目标 IP 地址为 255.255.255.255,包中还包含提供的 IP 地址、子网掩码及租期等信息。

(3)客户端进行 IP 租用选择

客户端从不止一台 DHCP 服务器接收到提供的 IP 地址之后,会选择第一个收到的 DHCPOFFER 包,并向网络中广播一个 DHCPREQUEST 消息包,表明自己已经接收了一个 DHCP服务器提供的 IP 地址。该广播包中包含所接收的 IP 地址和服务器的 IP 地址。所有其他的 DHCP 服务器收回它们提供的 IP 地址以便提供给下一次提出 IP 租用请求的客户端。

(4)DHCP 服务器对 IP 租用的认可

被客户端选择的 DHCP 服务器在收到 DHCPREQUEST 广播后,会广播返回给客户端一个 DHCPACK 消息包,表明已经接收客户端的选择,并将这一 IP 地址的合法租用及其他的配置信息都放入该广播包发给客户端。客户端在收到 DHCPACK 包后,会使用该广播包中的信息来配置自己的 TCP/IP,则租用过程完成,客户端可以在网络中通信。

2)IP 租约和更新

(1)IP 地址租约

客户端从 DHCP 服务器取得 IP 地址后,这次租约行为就会被记录到主机的租赁信息文件中,并且开始租约计时。IP 地址的租约通常分两种形式:

限定租期:当 DHCP 客户端向 DHCP 服务器租用到 IP 地址后,DHCP 客户端只是暂时使用这个地址一段时间。如果客户端在租约到期时,并没有更新租约,则 DHCP 服务器会收回该 IP 地址,并将该 IP 地址提供给其他的 DHCP 客户端使用。如果原 DHCP 客户端仍需要 IP 地址,它可以向 DHCP 服务器重新租用另一个 IP 地址。

永久租用:当 DHCP 客户端向 DHCP 服务器租用到 IP 地址后,这个地址就永远分派给这个 DHCP 客户端使用。只要有足够的 IP 地址给客户端使用,就没有必要限定租约,可以采用这种方式给客户端自动分派 IP 地址。

(2)租约更新

客户端取得 IP 地址后,也并不是一直等到租约到期才再次与服务器取得联系。实际上,在租期内,它会与服务器联系两次,并决定下一步需要进行的动作。

更新:当客户端注意到它的租用期过了 50% 时,就要更新该租用期。这时它直接发送一个 UDP 信息包给它所获得原始信息的服务器,该信息包是一个 DHCPREQEST 信息包,用来询问是否能保持 TCP/IP 配置信息并更新它的租用期。若服务器是可用的,则它通常发送一个 DHCPACKNOWLEDGE 信息包给客户端,同意客户端的请求。

重新捆绑:当租用期达到期满时间的约 87.5% 时,客户端如果在前一次请求中没有能更新租用期的话,它会再次试图更新租用期。如果这次更新仍失败的话,客户端就会尝试与其他任何一个 DHCP 服务器联系以获得一个有效的 IP 地址。如果另外的 DHCP 服务器能够分配一个新的 IP 地址,则该客户端再次进入捆绑状态。如果客户端当前的 IP 地址租用期满,则客户端必须放弃该 IP 地址,并重新进入初始化状态,然后重复整个过程。

(3)解约条件

既然客户端就 IP 地址的分配与 DHCP 服务器建立了一个有效租约,那么这个租约什么时候解除呢? 下面分两种情况进行讨论。

客户端租约到期:DHCP 服务器分配给客户端的 IP 地址是有使用期限的。如果客户端使用此 IP 地址达到了这个有效期限的终点,并且没有再次向 DHCP 服务器提出租约更新,DHCP 服务器就会将这个 IP 地址回收,客户端就会断线。

客户端离线:除了客户端租约到期会造成租约解除外,当客户端离线(包括关闭网络接口-ifdown,重新开机-reboot,关机-shutdown),DHCP 服务器都会将 IP 地址回收并放入自己的 IP 地址池中等候下一个客户端申请。

3)客户端 IP 地址类型

动态 IP 地址:客户端从 DHCP 服务器那里取得的 IP 地址一般都不是固定的,而是每次都可能不一样。在 IP 地址有限的局域网内,动态 IP 地址可以最大化地做到资源的有效利用。就单位而言,并不是每一个员工都会同时上线,它利用这个条件优先为上线的员工提供 IP 地址,离线之后再收回。

固定 IP 地址:客户端从 DHCP 服务器那里取得的 IP 地址也并不总是动态的。比如,有的单位除了员工用计算机外,还有数量不少的服务器,这些服务器如果也使用动态 IP 地址,不但不利于管理,而且客户端访问起来也不方便。该怎么办呢?我们可以设置 DHCP 服务器记录特定计算机的 MAC 地址,然后为每个 MAC 地址分配一个固定的 IP 地址。我们可以使用 ipconfig 查询本机网卡的 MAC 地址。

4)DHCP 服务安装与启停

DHCP 服务的安装也非常的简单,只要连接好网络,用 rpm 命令查看 DHCP 服务是否安装好,确认后可以开始使用 yum 命令在线安装,如下所示:

```
[root@ localhost ~ ]#rpm-q dhcp                        //查询 DHCP 是否安装
[root@ localhost ~ ]#yum-install dhcp
[root@ localhost ~ ]#systemctl   start dhcpd           //启动 DHCP 服务
[root@ localhost ~ ]#systemctl   restart dhcpd         //重启 DHCP 服务
[root@ localhost ~ ]#systemctl   stop dhcpd            //停止 DHCP 服务
```

5)DHCP 服务器配置

基本的 DHCP 服务器搭建流程有 3 个步骤:

①编辑主配置文件 dhcpd. conf,指定 IP 作用域,即指定一个或多个 IP 地址范围。

②建立租约数据库文件。

③重新启动 DHCPD 服务器使配置生效。

DHCP 工作流程如图 4-2 所示。

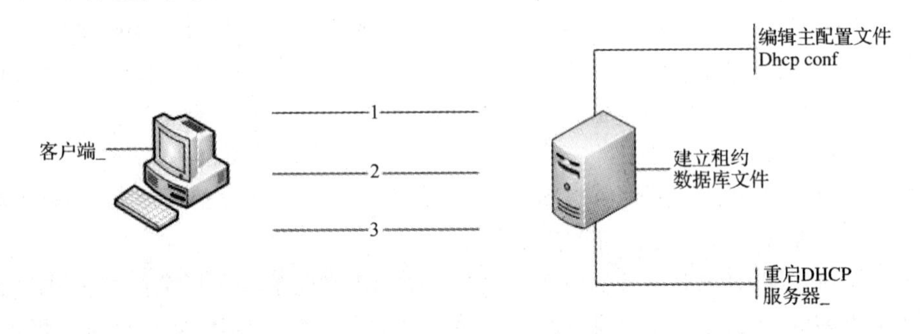

图 4-2　DHCP 工作流程

6)DHCP 服务器主配置文件

DHCP 服务器有关的数据文件如下:

```
/etc/dhcpd. conf                 //DHCP 的主要配置文件
/etc/sysconfig/dhcpd             //DHCP 的网卡设置文件,多个网卡时设置通过哪个网卡提供
                                   DHCP 服务
/etc/sysconfig/dhcpd. relay      //DHCP 中继配置文件
/var/lib/dhcpd/dhcpd. leases     //记录客户端连接后租约等信息的文件
```

DHCP 服务器的主配置文件为 dhcpd. conf,该文件主要由 parameters(参数)、declarations

(声明)和 option(选项)组成。dhcpd. conf 包括全局配置和局部配置两部分,全局配置可以包含参数或选项,该部分对整个 DHCP 服务器生效。局部变量配置通常由声明部分表示,该部分仅对局部生效,比如只对某个 IP 作用域生效。

dhcpd. conf 文件格式:

```
#全局配置
    ……
    参数或选项          #全局生效
#局部配置
    声明{
      参数或选项        #局部生效
    ……
    }
```

当 DHCP 主程序安装好后会自动生成一个主配置文件的范本/usr/share/doc/dhcp-4.2.5/dhcpd. conf. example。而在/etc/dhcp 目录下建立一个空白的 dhcpd. conf 主配置文件。我们在配置 DHCP 时需要将配置文件范本复制到/etc/dhcp/dhcpd. conf,替换主配置文件。

```
[root@ localhost ~ ]#cp/usr/share/doc/dhcp-4.2.5/dhcp. conf. example
/etc/dhcp/dhcpd. conf
```

主配置文件中标识符说明:

#为注释。

;为结束(;加前面也为注释)。

DHCP 常用声明与参数说明:

声明集用来描述与系统连接的网络、主机或用户组,也用于指定 IP 作用域、定义为客户端分配的 IP 地址池等,以下是一个网段的声明:

```
Subnet 192.168.1.0 netmask 255.255.255.0 {
option routers 192.168.1.254;
option subnet-mask 255.255.255.0;
option domain-name "example. com";
option domain-name-servers 192.168.1.1;
range 192.168.1.10   192.168.1.100;
    }
```

①Subnet 网页号 netmask 子网掩码{……};

作用:定义作用域,指定子网。

②range dynamic-bootp 起始 IP 地址 结束 IP 地址;

作用:指定动态 IP 地址范围。

③参数选项集:

option routers IP 地址。 //为客户端指定默认网关。

option subnet-mask 子网掩码。 //设置客户端的子网掩码。

option domain-name-servers IP 地址。 //为客户端指定 DNS 服务器地址。

租约数据库文件:

租约数据库文件用于保存一系列的租约声明,其中包含客户端的主机名、MAC 地址、分配到的 IP 地址,以及 IP 地址的有效期等相关信息。这个数据库文件是可编译的 ASCII 格式文本文件。每次租约发生变化的时候,都会在文件结尾添加新的租约记录。DHCP 服务器正常运行后就可以使用 cat 命令查看租约数据库文件内容,如下所示:

```
[root@ localhost ~ ]#cat  /var/lib/dhcpd/dhcpd. leases
```

4.2 项目解决方案与实施

任务1 创建虚拟系统局域网

①用 Vmware 虚拟机软件,创建如图 4-3 所示的工作组,Win 7 可以用复制的方法创建,Linux 要求全新安装。

① 虚拟机中 Linux 系统硬盘为 40G,根分区为 10G,/var 分区为 10G,其他空间加载到/home分区。IP 地址为 192.168.1.20/24,root 用户密码为 zjipc@ 123456,新建系统用户 a1,口令为 zjipc@ 123456。

③配置 DHCP 服务器,地址池为 192.168.1.200—192.168.1.210;为 Win 7 分配固定 IP 地址 192.168.1.200。

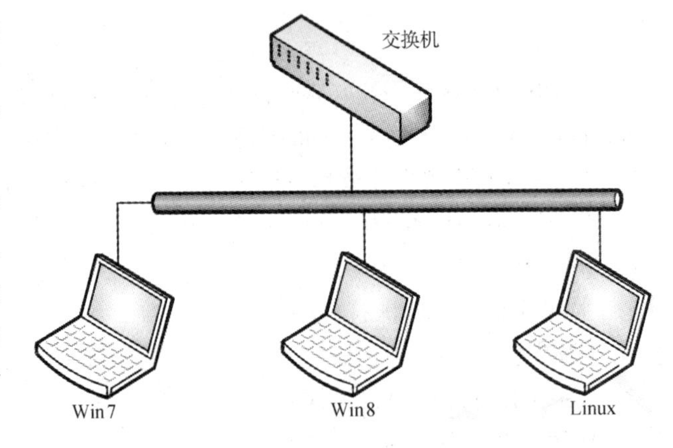

图 4-3 虚拟系统局域网

1) DHCP 服务的安装

检查 DNS 服务对应的软件包是否安装,如果没有安装的话,进行安装。

检测系统是否安装 DHCP 相关软件包:

```
[root@ ~ ]#rpm  -qa | grepdhcp
```

在线安装 DHCP 软件包:

```
[root@ ~ ]#  yum install dhcp
```

2) DHCP 服务器的配置项目

(1)编辑/etc/dhcpd. conf——DHCP 的主配置文件

当 DHCP 主程序包安装好后会自动生成主配置文件的范本:/usr/share/doc/dhcp-3.0.5/dhcpd. conf. sample.

而在/etc 目录下会建立一个空白的 dhcpd. conf 主配置文件,我们将范本配置文件复制到/etc 目录下替换掉空白的 dhcpd. conf 主配置文件:

[root@ ~]#gedit/etc/dhcpd. conf　　//编辑 dhcp 主配置文件如下所示:

(2)编辑/etc/sysconfig/dhcpd 配置文件

```
# DHCP Server Configuration file.
#    see /usr/share/doc/dhcp*/dhcpd.conf.sample
#
default-lease-time 600;
max-lease-time 7200;

ddns-update-style none;
ignore client-updates;

log-facility local7;


subnet 192.168.1.0 netmask 255.255.255.0 {

  option routers 192.168.1.254;
  option subnet-mask 255.255.255.0;

  option domain-name "sxdns2.sxptt.zj.cn";
  option domain-name-servers 202.96.107.28;

  range dynamic-bootp 192.168.1.200 192.168.1.210;
  default-lease-time 21600;
  max-lease-time 43200;

  host winServer {
     hardware ethernet   00:0C:29:AB:96:DD;
     fixed-address        192.168.1.200;
  }
}
```

(3)DHCP 服务的启动与停止

```
[root@ ~]#systemctl  start dhcpd
[root@ ~]#systemctl  restart dhcpd
[root@ ~]#systemctl  stop dhcpd
[root@ ~]#tail-n 20/var/log/messages      //查看日志文件
[root@ ~]#tail-n 50/var/log/messages | grepdhcp
```

3)DHCP 客户端配置及测试

(1)Win7 客户端配置

如图 4-4 所示。

图 4-4　Win7 客户端网络配置

(2)虚拟机 Linux 客户端配置

①修改 eth0 的网卡配置文件。

```
[root@ ~]#cat  /etc/sysconfig/network-scripts/ifcfg-eth0      //查看
[root@ ~]#gedit  /etc/sysconfig/network-scripts/ifcfg-eth0   //编辑修改
DEVICE = eth0
BOOTPROTO = static                                      //有的情况下也可以设置
为:dhcp
ONBOOT = yes
[root@ localhost ~]#cat  /etc/sysconfig/network-scripts/ifcfg-eth0
DEVICE = eth0
TYPE = Ethernet
BOOTPR0T0 = static
ONBOOT = yes
NETMASK = 255.255.255.0
IPADDR = 192.168.1.20
GATEWAY = 192.168.1.254
```

②重新启动 eth0 网卡。

```
[root@ ~]#ifdown  eth0
[root@ ~]#ifup eth0
[root@ ~]#service network restart
```

③查看 eth0 网卡的状态。

```
[root@ ~]#ifconfig eth0
```

4)DHCP 服务客户端测试

(1)配置 Win7 主机 VMnet1 虚拟网卡

如图 4-5 所示。

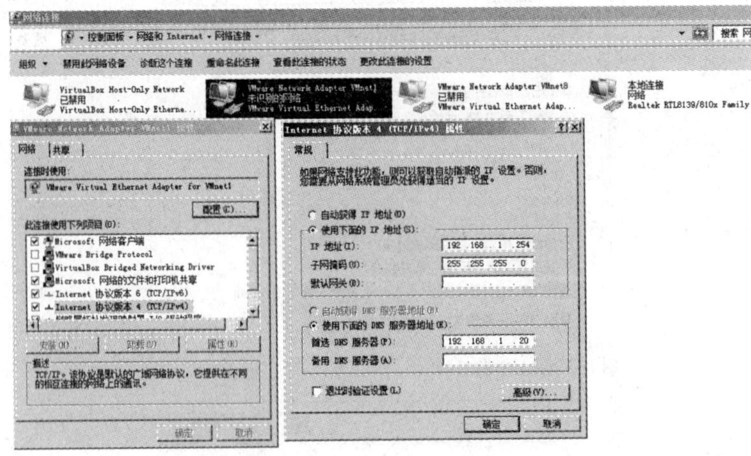

图 4-5 Win7 主机 VMnet1 虚拟网卡配置

(2)配置虚拟机 Win7 的网络

如图 4-6 ~ 图 4-8 所示。

图 4-6 配置虚拟机 Win7 网络 1

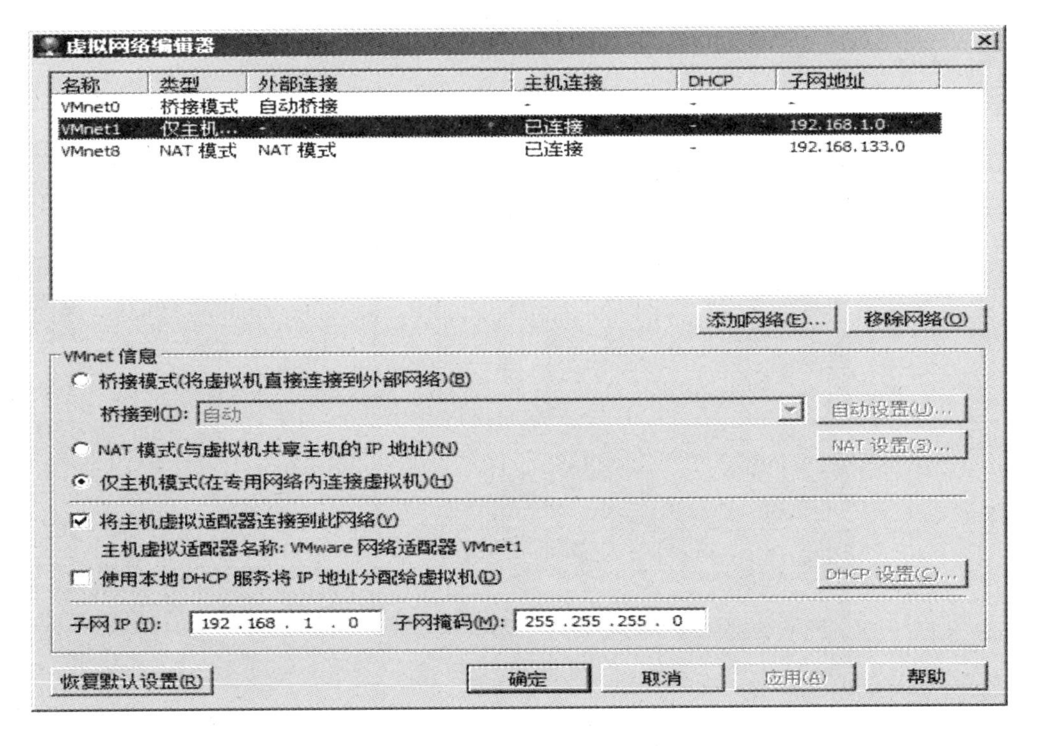

图 4-7 配置虚拟机 Win7 网络 2

图 4-8　配置虚拟机 Win7 网络 3

(3)配置虚拟机 CnetOS 7 的网络

如图 4-9 ~ 图 4-11 所示。

图 4-9　配置虚拟机 CnetOS 7 网络 1

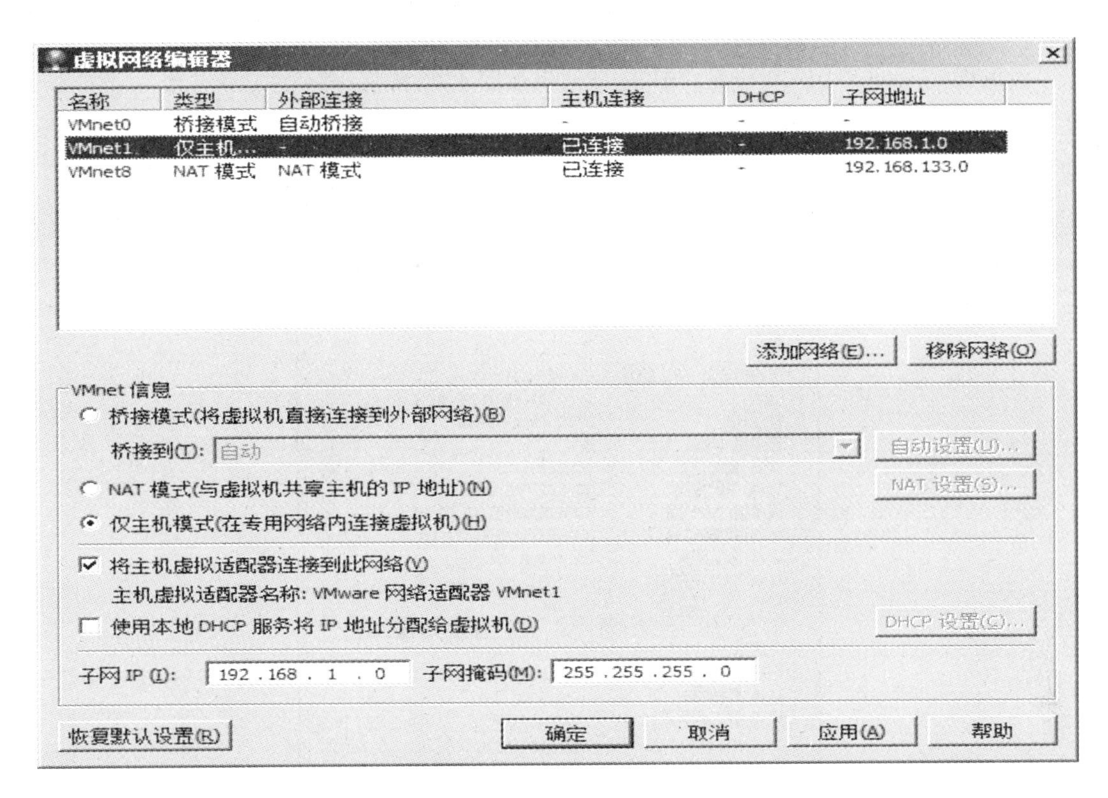

图 4-10　配置虚拟机 CnetOS 7 网络 2

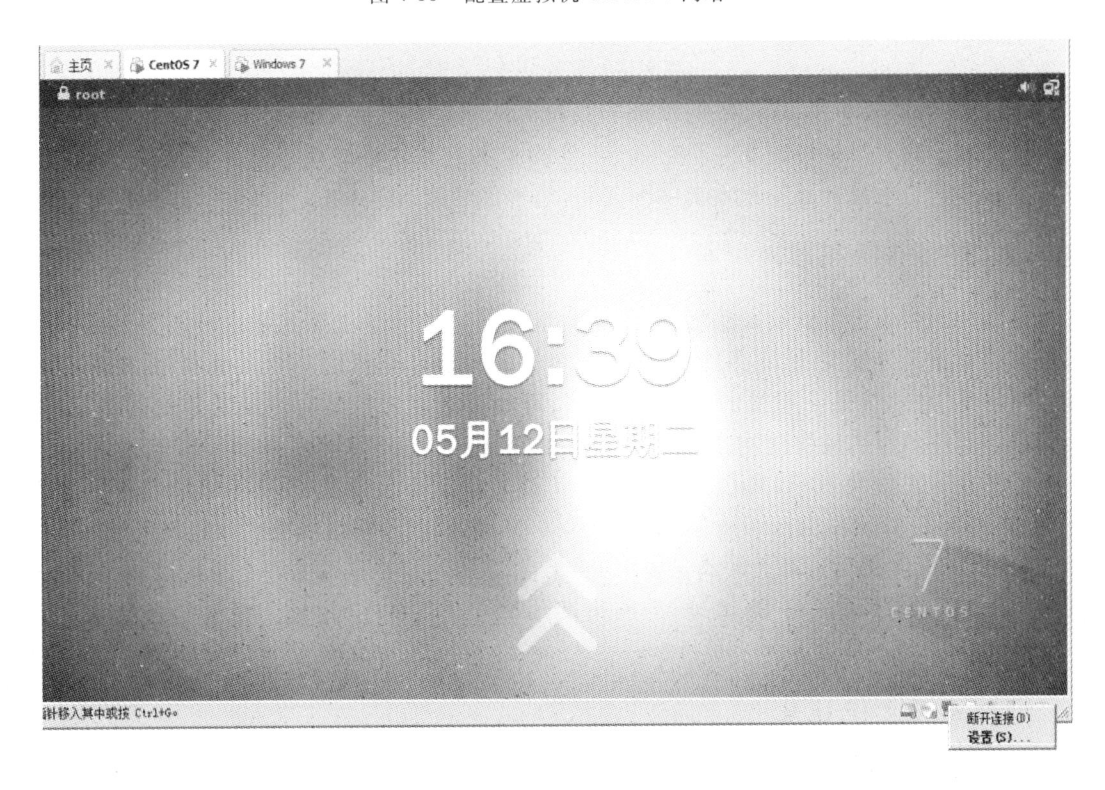

图 4-11　配置虚拟机 CnetOS 7 网络 3

(4)虚拟机 Win7 测试

虚拟机 CnetOS 7 DHCP 分配的 IP 地址结果如图 4-12 所示。

cmd： //在虚拟机 win7 终端使用如下命令：

```
C:\Users\allan > ipconfig/release
C:\Users\allan > ipconfig/renew
```

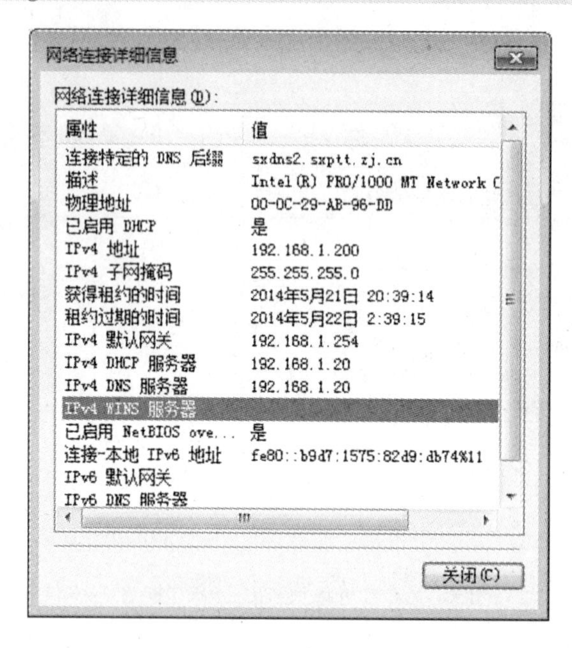

图 4-12 查看 DHCP 分配

小提示：在这里需要强调一下，如果要分配的地址和自己主机的地址不在同一个网段，一定要为自己的主机地址配置一个空域，否则，DHCP 服务器是无法启动的。但是如果要分配的地址和自己主机的地址是在同一个网段，就不需要添加空域了。

任务 2 创建多作用域网

某高校网络中设备数量大量增加，IP 地址需要进行扩容才能满足需求。小型网络可以对所有设备重新分配 IP 地址；但校园网作为容纳上万台计算机的一个大型网络，重新配置整个网络的 IP 地址是不明智的，若操作不当，可能会造成通信暂时中断及其他网络故障。我们需要通过多作用域的设置，即 DHCP 服务器发布多个作用域实现 IP 地址扩容的目的。

原来地址规划为 10.113.12.0/24 网段，可以容纳 254 台设备，使用 DHCP 服务器建立一个 10.113.12.0 网段的作用域，动态管理网络 IP 地址，由于网络规模扩大到 500 台以上机器，显然一个 C 类的网地址无法满足要求，要求在 DHCP 服务器添加一个新作用域，管理分配 10.99.113.0/24 网段的 IP 地址，为网络增加 254 个新的 IP 地址。网络拓扑结构如图 4-13所示。

1)配置网卡 IP 地址

DHCP 服务器有多块网卡时，需要使用 ifconfig 命令为每块网卡配置独立的 IP 地址，但是注意，IP 地址配置的网段要与 DHCP 服务器发布的作用域对应。

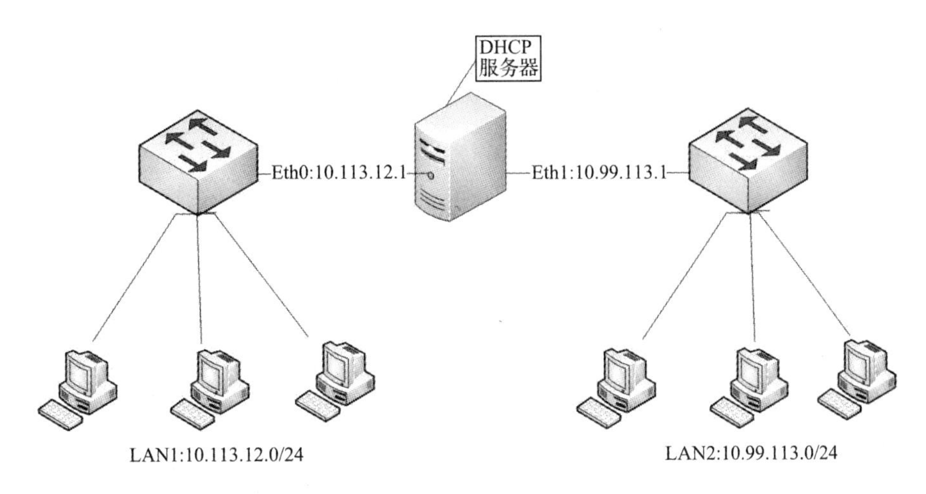

图 4-13　多作用域配置网络拓扑

```
[root@ localhost ~ ]#ifconfig eth0 10.113.12.0   netmask 255.255.255.0
[root@ localhost ~ ]#ifconfig eth1 10.99.113.0   netmask 255.255.255.0
```

2)编辑 dhcpd. conf 主配置文件

当 DHCP 服务器网络环境搭建完毕后,我们需要编译 dhcpd. conf 主配置文件,完成多作用域设置并保存配置文件后退出。如图 4-14 所示。

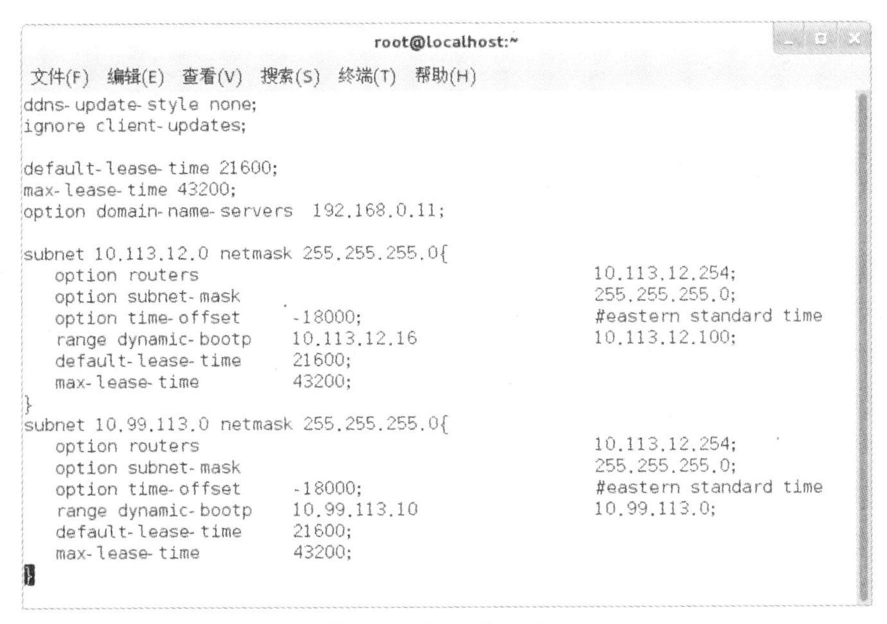

```
root@localhost:~
文件(F)  编辑(E)  查看(V)  搜索(S)  终端(T)  帮助(H)
ddns-update-style none;
ignore client-updates;

default-lease-time 21600;
max-lease-time 43200;
option domain-name-servers  192.168.0.11;

subnet 10.113.12.0 netmask 255.255.255.0{
   option routers                             10.113.12.254;
   option subnet-mask                         255.255.255.0;
   option time-offset      -18000;            #eastern standard time
   range dynamic-bootp     10.113.12.16       10.113.12.100;
   default-lease-time      21600;
   max-lease-time          43200;
}
subnet 10.99.113.0 netmask 255.255.255.0{
   option routers                             10.113.12.254;
   option subnet-mask                         255.255.255.0;
   option time-offset      -18000;            #eastern standard time
   range dynamic-bootp     10.99.113.10       10.99.113.0;
   default-lease-time      21600;
   max-lease-time          43200;
}
```

图 4-14　dhcpd 配置文件

3)DHCP 服务测试验证

重启 DHCP 服务后检查系统日志,检查配置是否成功,使用 tail 命令动态显示日志信息。

```
[root@ localhost ~ ]#tail-F/var/log/messages
```

经过设置 DHCP 服务器将通过 eth0 和 eth1 两块网卡侦听客户机的请求,并发送相应的回应。分别在网段为10.113.12.0和10.99.113.0的客户端上测试自动获取的IP地址是否为我们配置的地址池的地址：

```
C:\Users\allandu > ipconfig/release
C:\Users\allandu > ipconfig/renew
```

4）DHCP服务器故障诊断

通常配置DHCP服务器相对比较容易，要确保DHCP服务器正常工作并具备广播功能，除了客户端网卡工作正常，还要考虑网络拓扑结构，确保客户端向DHCP服务器发送的消息不会受阻。若DHCP服务器不能启动，可查看/var/log/messages，帮助分析故障原因。

（1）客户端无法获取IP地址

DHCP服务器配置完成且没有语法错误，但是网络中的客户端却无法取得IP地址。这通常是由于Linux DHCP服务器无法接收来自255.255.255.255的DHCP客户端的request封包造成的，一般是由于Linux DHCP服务器的网卡没有设置MULTICAST功能。为了让dhcpd（dhcp程序的守护进程）能够正常地和DHCP客户端沟通，dhcpd必须传送封包到255.255.255.255这个IP地址。但是在有些Linux系统中，255.255.255.255这个IP地址被用来作为监听区域子网域（local subnet）广播的IP地址。所以需要在路由表（routing table）中加入255.255.255.255以激活MULTICAST功能，执行如下命令：

```
[root@ localhost ~ ]route add-host 255.255.255.255 dev eth0
```

上述命令创建了一个到地址255.255.255.255的路由，如果报告错误消息：

```
255.255.255.255:Unkown host;
```

那么修改/etc/hosts，加入如下行：

```
255.255.255.255 dhcp-server
```

（2）DHCP客户端程序和DHCP服务器不兼容

由于Linux有许多发行版本，不同版本使用的DHCP客户端程序和DHCP服务器也不相同。Linux提供了4种DHCP客户端程序，即pump、dhclient、dhcpxd和dhcpcd。了解不同Linux发行版本的服务器和客户端程序对于排除常见错误是必要的，如CentOS 7使用dhclient客户端。

（3）以debug模式运行DHCP服务器

执行命令如下所示：

```
[root@ localhost ~ ]#dhcpd-d
```

该命令指明dhcpd将出错信息记录到标准的错误描述器，记录的信息将根据/etc/syslog.conf文件的配置保存在指定的文件中。例如，在/etc/syslog.conf文件中要指定记录debug信息：

```
logalldebuginformationinto/var/log/dameon.log
dameon. = debug/var/log/dameon.log
```

DHCP设置完成后，重启DHCP服务器使配置生效，若客户端无法连接到DHCP服务器，建议使用ping命令测试网络的连通性。

要使得DHCP服务器正常运行，一定要确保租约文件存在，否则无法启动DHCPD服务，

若租约文件不存在,可以手动创建如下所示:

```
[root@ localhost ~ ]#vim  /var/lib/dhcpd/dhcpd. leases
```

练习题

1. 填空题

(1)DHCP 工作过程中包括________、________、________、________4 种类型的报文。

(2)在 Windows 环境下,使用________命令可以查看 IP 地址配置,释放 IP 地址使用命令________,续租 IP 地址使用________命令。

(3) DHCP 是一个简化主机 IP 地址分配管理的 TCP/IP 标准协议,英文全称是________,中文名称是________。

(4)当客户端注意到它的租约期到了________以上时,就要更新该租用期。这时它发送一个________信息包给它所获取的原始信息的服务器。

(5)配置 Linux 系统客户端需要修改网卡配置文件,设置 BOOTPROTO 选项为______。

2. 简答题

(1)请简要说明 DHCP 服务器工作原理。

(2)请概述 DHCP 服务的 IP 地址租约及更新的流程。

(3)请结合实践简要说明如何测试 DHCP 服务器。

项目五　DNS 服务器配置与应用

DNS 是为了方便访问 Internet 而采用的一种分布式的域名与 IP 地址映射查询和管理系统。这样，我们不必知道目标主机的 IP 地址，只需要知道它的域名，就可以轻松访问它们。

项目描述

某企业组建了企业局域网，为了使网中的计算机便利地访问本地网络及 Internet 上的资源，需要在企业网中架设 DNS 服务器，用来提供域名转换成 IP 地址的功能。

项目目标

- 了解 DNS 服务器的作用
- 理解 DNS 的域名空间结构
- 掌握 DNS 的查询模式
- 理解并掌握 DNS 客户机的配置
- 掌握 DNS 服务的测试

5.1　背景知识

5.1.1　什么是 DNS

DNS 是 Domain Name System 域名系统的缩写，是一种将域名与 IP 对应的服务，这样我们在访问网站时不需要输入冗长难记的 IP 地址，只要输入简短好记的域名即可，DNS 会自动将其转换成正确的 IP 地址。DNS 协议使用了 TCP 和 UDP 的 53 端口。

开始时，域名的字符仅限于 ASCII 字符的一个子集。2008 年，ICANN（The Internet Corporation for Assigned Names and Numbers）通过一项决议，允许使用其他语言作为互联网顶级域名的字符。例如，使用基于 Punycode 码的 IDNA 系统，可以将 Unicode 字符串映射为有效的 DNS 字符集。因此，诸如“x. 中国”这样的域名可以在地址栏直接输入，而不需要安装插件。但是，由于英语是最多国家使用的官方语言，使用其他语言字符作为域名会产生多种问题，例如难以输入，难以在国际推广等。

当前，DNS 对于每一级域名长度的限制是 63 个字符，域名总长度则不能超过 253 个字符。

5.1.2 DNS 的历史

早期的 DNS 就是一个文本文件，现在这个文件在 Windows 下还能找到，一般位于 C:\Windows\System32\drivers\etc\下，而在大部分的 Linux 系统中，这个文本则位于/etc/下，两种情况下的文件名都叫作 hosts。

该文件记录了域名与 IP 的对应关系，一般是将 IP 地址写在第一列，之后跟着一连串的域名。这样在浏览器里输入域名时，浏览器就会直接访问该 IP。

但是随着网络的发展，网站的数量变得越来越多，一个简单的 hosts 文件已经不能满足数量的变化带来的管理和维护成本需求，此时迫切需要新的技术来解决这一问题。

1983 年，保罗·莫卡派乔斯（Paul Mockapetris）发明了第一个 DNS 技术规范，原始的技术规范在 882 号因特网标准草案（RFC 882）中发布。1987 年发布的第 1034 号和 1035 号草案修正了 DNS 技术规范，并废除了之前的第 882 号和 883 号草案。

既然有了服务协议，那么肯定就会有对应的实现被开发出来。20 世纪 80 年代，柏克莱加州大学计算机系统研究小组的 4 个研究生 Douglas B Terry、Mark Painter、David W. Riggle 和周松年一同编写了 BIND 的第一个版本，并随 4.3BSD 发布。直到目前为止，BIND 依旧是全世界使用范围最广的 DNS 软件。

5.1.3 上网的流程

现在我们随便都能打开一个网页，比如用百度来进行搜索，那么其背后的原理和流程到底是怎样的呢？下面大致介绍一下流程：

首先，浏览器会检查 hosts 文件下有没有对应的 IP，如果没有，才会向 DNS 服务器发送一个请求报文，而 DNS 服务器接收到请求后，先检查自身的缓存，如果存在记录就直接返回，如果没有记录或者缓存已经过期，那么 DNS 服务器就会查找自身的记录文件来返回结果。

因为有缓存的存在，所以有时候访问一些网站，第一次打开都是特别慢的，但是之后再打开相同的网站就很快了。

上面的只是简单的流程，其实 DNS 服务器还是分层的，下面会继续介绍。

5.1.4 完整网域名称

Fully Qualified Domain Name，缩写为 FQDN，又译为完全资格域名、完整领域名称，也称为绝对领域名称（Absolute Domain Name）、绝对域名或网域名称，它能指定其在域名系统树状图下的一个确实位置。一个完全资格域名会包含所有域名级别，包括顶级域名和根域名。

举个例子：我们测试网络是否通畅的时候，一般都会用浏览器打开百度这个网站：www.baidu.com。其实这个网址最后应该还有个句点：www.baidu.com.，这个句点指的是根域名服务器，在这个根服务器下，有一条记录指向了专门管理.com 这个域名的 DNS 服务器的记录。而这台管理.com 域名服务器又保存了很多记录，其中就包括了 baidu 这个域名。至此，这台 DNS 服务器就能解析任何以 baidu.com 结尾的 URL 了。

而我们的浏览器第一次查找 www.baidu.com 时的流程是，先访问根域名服务器，获取管理.com 域名的 DNS 服务器的 IP；通过该 IP 再获取管理 baidu.com 这个域名的 DNS 服务器；再通过 baidu.com 的 DNS 服务器获取 www.baidu.com 的 IP；最后，我们的浏览器通过该 IP 直接访问 www 服务器。

全球共有386台根服务器,被编号为A到M共13个组,也只用13个IP,目的是为了抵御DDOS攻击。

5.2 DNS基本项目实践

搭建一个DNS服务器,在Linux环境下最常用的是BIND这个软件,默认是没有安装好的。如果我们需要安装它,可以直接用yum来在线安装:

```
$ sudo yum install-y bind
```

任务1 启用DNS服务

启用DNS服务:

```
$ sudo systemctl start named
```

设置为开机启动:

```
$ sudo systemctl enable named
```

任务2 了解BIND的文件

使用rpm命令来显示各个文件的安装位置:

```
$ rpm-ql bind
/etc/NetworkManager/dispatcher.d/13-named
/etc/logrotate.d/named
/etc/named
/etc/named.conf
/etc/named.iscdlv.key
/etc/named.rfc1912.zones
/etc/named.root.key
/etc/rndc.conf
/etc/rndc.key
/etc/rwtab.d/named
/etc/sysconfig/named
/etc/tmpfiles.d/named.conf
......
/var/log/named.log
/var/named
/var/named/data
/var/named/dynamic
/var/named/named.ca
/var/named/named.empty
/var/named/named.localhost
/var/named/named.loopback
/var/named/slaves
```

上面列出的就是安装 BIND 后 rpm 包释放出来的文件。/etc 目录下面大多是配置文件，然后/var/named 里面的是用于记录 DNS 信息的一些文件。

任务 3 编辑设定文件

BIND 的主要配置文件是/etc/named. conf:

```
$ sudo emacs/etc/named. conf
options{
    listen-on port 53{any;};
    allow-query              {localhost;10.113.12.0/24};
recursion yes;
};
......
```

listen-on 可以指定监听端口。

allow-query 可以指定哪些 IP 或 IP 段能使用本 DNS 服务器。

任务 4 了解记录类型

前面说到 DNS 服务器维护了一张域名与 IP 地址对应的表，我们称这些表里面的条目为记录，DNS 有多种不同的记录类型，如某些资源记录把域名映射成 IP 地址，另一些则把 IP 地址映射到域名；某些资源记录不仅包括 DNS 域中服务器的信息，还可以用于定义域，即指定每台服务器授权了哪些域，如 SOA 和 NS 资源记录。

主要的记录类型有以下几种。

(1) SOA 资源记录

每个区在开始处都包含了一个起始授权记录（Start of Authority Record），简称 SOA 记录。SOA 定义了域的全局参数、整个域的管理设置。一个区域文件只允许存在唯一的 SOA 记录。

(2) NS 资源记录

名称服务器（NS）资源记录表示该区的授权服务器，它们表示 SOA 资源记录中指定的该区的主服务器和辅助服务器。每个区在区根处至少包含一个 NS 记录。

(3) A 资源记录

地址（A）资源记录把 FQDN 映射到 IP 地址，因而解析器能查询 FQDN 对应的 IP 地址。

(4) PTR 资源记录

相对于 A 资源记录，指针（PTR）资源记录把 IP 地址映射到 FQDN。

(5) CNAME 资源记录

规范名字（CNAME）资源记录创建特定 FQDN 的别名。用户可以使用 CNAME 记录来隐藏用户网络的细节。

(6) MX 资源记录

邮件交换（MX）资源记录为 DNS 域名指定邮件交换服务器。邮件交换服务器是为 DNS 域名处理或转发邮件的主机。处理邮件是指把邮件投递到目的地或转交另一不同类型的邮件传送者。转发邮件指把邮件发送到最终的服务器。

任务5 了解DNS查询过程

Linux下有个软件,可以详细地查看DNS的查询路径,这个软件叫作dig,包含在bind-utils这个软件包里面,可以使用yum方便地安装:

```
$ sudo yum install-y bind-utils
```

dig的使用方法:

```
$ dig + trace <要查询的网址或者 IP >
```

比如,要知道浏览器是怎么查找bing的IP地址的,可以执行:

```
$ dig + trace www.bing.com
; < < > > DiG 9.9.4-RedHat-9.9.4-14.el7_0.1 < < > > + trace www.bing.com
;;global options: + cmd
.            9808      IN   NS   l.root-servers.net.
.            9808      IN   NS   f.root-servers.net.
......
;;Received 755 bytes from 10.113.12.200#53(10.113.12.200) in 59 ms

com.              172800   IN   NS   k.gtld-servers.net.
com.              172800   IN   NS   d.gtld-servers.net.
com.              172800   IN   NS   m.gtld-servers.net.
......
bing.com.        172800   IN   NS   ns1.msedge.net.
bing.com.        172800   IN   NS   ns2.msedge.net.
bing.com.        172800   IN   NS   ns3.msedge.net.
bing.com.        172800   IN   NS   ns4.msedge.net.
;; Received 672 bytes from 192.43.172.30#53(i.gtld-servers.net) in 368 ms

www.bing.com.          599 IN   CNAME   cn.a-0001.a-msedge.net.
cn.a-0001.a-msedge.net. 240 IN   A   202.89.233.101
;; Received 93 bytes from 131.253.21.2#53(ns4.msedge.net) in 134 ms
```

从上面的输出的结果我们可以很清楚地看见,dig首先去查找了几台根服务器的IP,再去寻找com.的DNS服务器,这样一层一层下来,最终找到的www.bing.com其实是个CNAME记录,它最终的IP是202.89.233.101。

5.3 企业项目实践

任务1 搭建Forwarding DNS服务器

Forwarding DNS服务器,顾名思义,就是直接转发DNS请求到其他DNS服务器的服务器,其本身不包含任何实用性的记录。

首先我们要在配置文件里修改,让其支持Forwarding:

```
$ sudo emacs/etc/named.conf
options {
......
forward only;
forwarders {
            114.114.114.114;
            8.8.4.4;
            8.8.8.8;
    };
};
```

在 options 里面添加 Forwarders 的参数，这 3 个 DNS 服务器按照顺序排列，用分号隔开，一般来说最快的放最上面。

接下来重启一下 named 服务，看看有没有错误：

```
$ sudo systemctl restart named
```

如果没有什么输出，说明正常启动了，如果不放心，可以使用 status 查看日志：

```
$ sudo systemctl status named
```

接下来修改 resolv.conf，将 Linux 的 DNS 服务器设置成本机的地址：

```
$ sudo emacs/etc/resolve.conf
nameserver 127.0.0.1
```

如何查看自己的 DNS 服务器能不能正常使用呢？首先可以用前面介绍的 dig 工具来测试一下，如果能够正常使用，那就打开系统中的浏览器，看看能不能正常打开网页。

除了本机要测试外，还需要同一局域网内的其他电脑设置 DNS 后再测试。

如图 5-1 所示，上面选中的部分即代表这台 Windows 系统使用的是指定的 DNS 服务器。

经过测试，浏览器能正常上网。

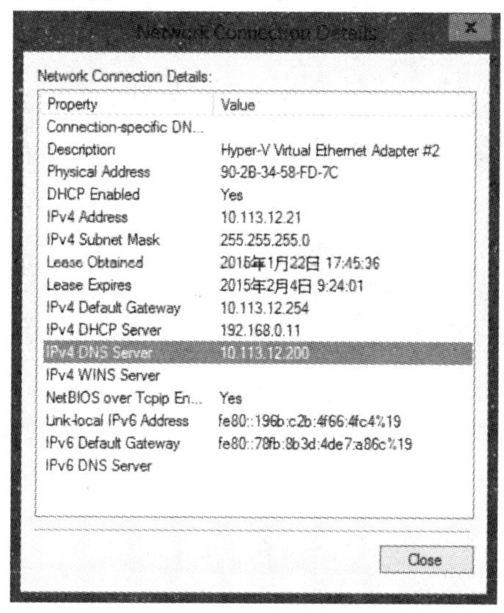

图 5-1 Windows 系统网络设置信息

任务2　搭建实用的DNS服务器

假设我们的主机有一个网站需要发布，能让整个局域网里的人通过访问域名直接访问到这台主机，此时需要怎么配置呢？

首先我们需要创建两个文件，一个用来从域名解析出IP，这叫作正向解析，另一个就是反向解析，即通过IP解析出域名。

以本机为例，创建了两个文件，如图5-2、图5-3所示。

```
 1$TTL     600
 2
 3@        IN      SOA     lab3410.zjipc. master.lab3410.zjipc.
  )
 4
 5@        IN      NS      master.lab3410.zjipc.
 6
 7@        IN      MX      10      mail.lab3410.zjipc.
 8
 9master.lab3410.zjipc.    IN      A       10.113.12.200
10mail.lab3410.zjipc.      IN      A       10.113.12.200
11www.along-emacs2.com     IN      A       10.113.12.200
12
13dns.lab3410.zjipc.       IN      CNAME   master.lab3410.zjipc.
14www.lab3410.zjipc.       IN      CNAME   master.lab3410.zjipc.
15imap.lab3410.zjipc.      IN      CNAME   master.lab3410.zjipc.
16smtp.lab3410.zjipc.      IN      CNAME   master.lab3410.zjipc.
17
18
19server2012r2             IN      A       10.113.12.21
20thinkpad                 IN      A       10.113.12.201
```

图5-2　正向解析文件

/var/named/named.lab3410.zjipc　　//正向解析文件路径

```
 1$TTL     600
 2
 3@        IN      SOA     lab3410.zjipc. master.lab3410.z
  )
 4
 5        IN      NS      master.lab3410.zjipc.
 6
 7
 8200     IN      PTR     master.lab3410.zjipc.
 9200     IN      PTR     mail.lab3410.zjipc.
10200     IN      PTR     www.along-emacs2.com.
11
12
1321      IN      PTR     server2012r2.lab3410.zjipc.
14201     IN      PTR     thinkpad.lab3410.zjipc.
```

图5-3　反向解析文件

/var/named/named.10.113.12　　//反向解析文件路径

这样配置以后，用浏览器访问www那个域名，然后在目标主机上检测80端口是否能够被访问，即可知道DNS是否设置成功：

```
$ sudo nc-l 80
```

使用 nc 程序监听 http 默认端口 80，如果浏览器访问，将会接收到浏览器发过来的报文，如图 5-3 所示（80 端口目前已被占用，故用 8080 代替）。

```
[root@lab3410 html]# nc -l 8080
GET / HTTP/1.1
Accept: text/html, application/xhtml+xml, */*
Accept-Language: zh-Hans-CN,zh-Hans;q=0.5
User-Agent: Mozilla/5.0 (Windows NT 6.3; WOW64; Tr
Accept-Encoding: gzip, deflate
Host: www.lab3410.zjipc:8080
Connection: Keep-Alive
```

图 5-3　DNS 测试结果

5.4　DNS 服务器综合应用实例

实例 1

1）要求

①用 Vmware 虚拟机软件，创建如图 5-4 所示的工作组，Win7 可以用复制的方法创建，Linux 要求全新安装。

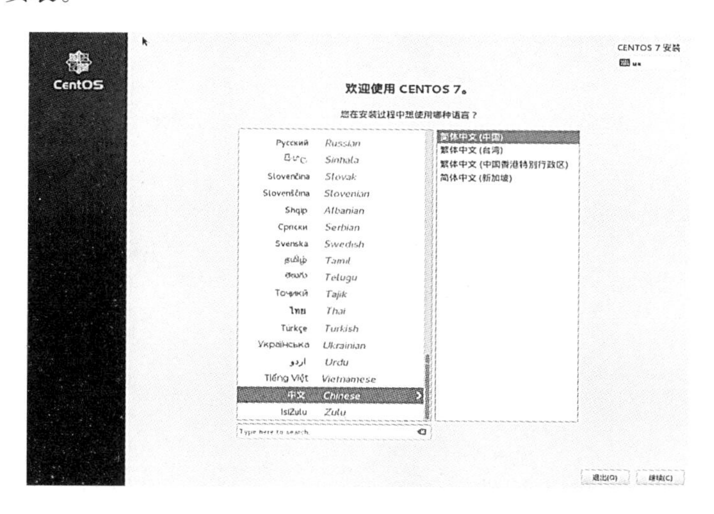

图 5-4　虚拟系统网络拓扑示意

②虚拟机中硬盘为 40G，根分区为 10G，/var 分区为 10G，其他空间加载到/home 分区。IP 地址为 192.168.1.20/24，root 用户密码为 zjipc@ 123456，新建系统用户 a1，密码为 zjipc@ 123456。

③配置 DNS 服务器。

```
www.shaoxing.com     -->   192.168.1.20
www.sxggsxjd.com     -->   192.168.1.20
    192.168.1.10     -->   server.shaoxing.com
```

2)内容与方法

(1)用户添加和IP地址设定

```
[root@ ~]#useradd a1
[root@ ~]#passwd a1    //随后两次输入 zjipc@123456 密码
[root@ ~]# setup       //设置静态 IP 地址,注意使用 tab 和 enter 键
[root@ ~]#service network restart
```

(2)DNS服务器的配置

①DNS服务的安装。

检查DNS服务对应的软件包是否安装,如果没有安装的话,进行安装:

检测系统是否安装DNS相关软件包:

```
[root@ ~]#rpm  -qa | grep bind
```

在线安装DNS软件包组:

```
[root@ ~]# yum install bind bind-utils caching-nameserverbind-libs ypbind bind-utils bind-chroot bind yp-tools caching-nameserver
```

或者在本地安装,假定软件包文件为binds,在桌面:

```
[root@ ~]#cd ~/Desktop/binds
[root@ ~]#rpm  -ivh  *.rpm
```

②DNS服务器的配置项目。

针对任务需求,我们这里需要配置好4个配置文件,分别是:

```
/etc/named.conf
            options  {
                listen-on port 53{192.168.1.28;};
                allow-query{any;};
                allow-transfer  {|202.96.107.27;  };
                directory  "/var/named";
               };
            zone","IN
            {
                type hint;
                file"named ca";
            };
            zone"sxggsxjd.com"{
                    type master;
                    file"shaoxing.com.zone";
                    };
```

```
                    zone"aa. com" {
                    type master;
                    file " aa. com. zone" ;
                    };
          zone"1. 168. 192. in-addr. arpa" IN{
                    type master;
                    file   "1. 168. 192. in-addr. arpa. zone" ;
                    };
```

/var/named/shaoxing. com. zone

```
$ ORIGIN    shaoxing l . com.
$ TTL       86400
@           IN   SOA          dns. shaoxing. com.     root. shaoxing. com. (
                                 2014061400           ;Serial
                                 28800                ;Refresh
                                 14400                ;Retry
                                 3600000              ;Expire
                                  86400   )           ;Minimum

@                               IN   NS            dns. shaoxing. com.
dns. shaoxing. com.             IN   A             192. 168. 1. 20
www. shaoxing. com.             IN   A             192. 168. 1. 20
server. shaoxing. com           IN   A             192. 168. 1. 10
```

/var/named/sxggsxjd. com. zone

```
$ ORIGIN    sxggsxid. com.
$ TTL       86400
@         IN   SOA          dns. sxggsxid. com.    root. sxggsxjd. com. (
                              2014061400           ;Serial
                                28800              ;Refresh
                                14400              ;Retry
                                360000             ;Expire
                                 86400)            ;Minimum

@                                 IN   NS          dns. sxggsxjd. com.
dns. sxggsxjd. com.               IN   A           192. 168. 1. 20
www. sxggsxjd. com.               IN   A           192. 168. 1. 20
```

/var/named/1. 168. 192. in-addr. arpa. zone

```
$TTL      86400
@     IN    SOA         shaoxing.com.    root.shaoxing.com.    (
          2014061107            ;serial
     3H                         ;refresh
     15M                        ;retry
     1W                         ;expire
     1D)                        ;mininum
@                        IN   NS              dns.sales.com.

dns.shaoxing.com.          IN    A            192.168.1.20
www.shaoxing.com.          IN    A            192.168.1.20
server.shaoxing.com.       IN    A            192.168.1.10
20                       IN   PTR            dns.shaoxing.com.
20                       IN   PTR            www.shaoxing.com.
10                       IN   PTR            server.shaoxing.com.
```

修改相关配置文件的属组为 named：

```
[root@ ~]#chgrp named/etc/named.conf
[root@ ~]#chgrp named/var/named/shaoxing.com.zone
[root@ ~]#chgrp named/var/named/sxggsxjd.com.zone
[root@ ~]#chgrp named/var/named/1.168.192.in-addr.arpa.zone
```

③指定测试机器的 DNS 地址，让其指向我们配置的 DNS 服务器：

```
[@ ~]# vi/etc/resolv.conf  //config local DNS
Namserver 192.168.1.20
[@ ~]#service network restart
```

④DNS 服务的启动与停止测试：

```
[root@ ~]#service named start
[root@ ~]#service named restart
[root@ ~]#service named stop
```

⑤注意配置自己的网络参数：

```
[@ ~]#gedit/etc/sysconfig/network-scripts/ifcfg-eth0
*****
DEVICE = eth0
HWADDR =00:0c:29:de:41:99
TYPE = Ethernet
UUID = e3b45c01-d1cd-4811-a876-c25ee1168b53
ONBOOT = yes
NM_CONTROLLED = yes
BOOTPROTO = none
IPADDR =192.168.1.20
NETMASK =255.255.255.0
```

```
GATEWAY = 192.168.1.2
DNS1 = 192.168.1.20
IPV6INIT = no
USERCTL = no
* * * * *
[@ ~ ]#service network restart
```

⑥DNS 服务的测试：

```
[@ ~ ]#cd/var/named
[@ ~ ]#named-checkzone shaoxing.com shaoxing.com.zone
[@ ~ ]#named-checkzone sxggsxjd.com sxggsxjd.com.zone
[@ ~ ]#named-checkzone shaoxing.com 1.168.192.in-addr.arpa.zone
[@ ~ ]#cd/etc
[@ ~ ]#named-checkconf-v   -j   named.conf   -z
[@ ~ ]#service named restart
[@ ~ ]#nslookup www.shaoxing.com
[@ ~ ]#nslookup www.sxggsxjd.com
[@ ~ ]#nslookup server.shaoxing.com
[@ ~ ]#nslookup 192.168.1.10
```

⑦测试结果如下：

```
wii_0@163.com
[root@allan088 etc]# nslookup www.shaoxing.com
Server:   192.168.1.20
Address:   192.168.1.20#53
Name:   www.shaoxing.com
Address: 192.168.1.20
[root@allan088 etc]#nslookup www.sxggsxjd.com
Server:   192.168.1.20
Address:   192.168.1.20#53
Name:   www.sxggsxjd.com
Address:192.168.1.20
[root@allan088 etc]# nslookup server.shaoxing.com
Server:   192.168.1.20
Address:   192.168.1.20#53
Name:   server.shaoxing.com
Address: 192.168.1.10
[root@allan088 etc]# nslookup 192.168.1.10
Server:   192.168.1.20
Address:   192.168.1.20#53
10.1.168.192.in-addr.arpa   name  =  server.shaoxing.com.
```

```
[root@ allan088 etc]# nslookup mail.aa.com
Server:   192.168.1.20
Address:   192.168.1.20#53
Name:   mail.aa.com
Address: 192.168.1.20
```

实例 2

1)某校园网真实网络环境和需求

DNS 主机(双网卡)的完整域名是 server.zjipcs.com 和 server.design.com,IP 地址是 192.168.10.1 和 192.168.20.1,系统管理员的 E-mail 地址是 root@ server.zjipcs.com。一般常规服务器属于 zjipcs.com 域,教务处属于 design.com 域。要求让所有员工均可以访问外网地址。域中需要注册的主机分别是:

①server.zjipcs.com(IP 地址为 192.168.10.1),别名为 hello.zjipcs.com,正式名称为 mail.zjipcs.com、www.zjipcs.com,要提供 DNS、E-mail、www 和 Samba 服务。

②ftp.zjipcs.com(IP 地址为 192.168.10.2),主要提供 ftp 和 proxy 服务。

③asp.zjipcs.com(IP 地址为 192.168.10.3),是一台 Windows server 2008 主机,主要提供 ASP 服务。

④rhel7.zjipcs.com(IP 地址为 192.168.10.4),主要提供 E-mail 服务。

⑤server.design.com(IP 地址为 192.168.20.1),提供 DNS 服务。

⑥computer1.design.com(IP 地址为 192.168.20.5),教务处一台主机。

⑦computer2.design.com(IP 地址为 192.168.20.6),教务处一台主机。

2)需求分析

实际环境要求完成内网所有域的正/反向解析,所以需要在主配置文件中建立这两个域的反向区域,并建立这些反向区域所对应的区域文件。反向区域文件中会用到 PTR 记录。如果要求所有员工均可以访问外网地址,我们还需要设置根区域,并建立根区域所对应的区域文件,这样才可以访问外网地址。整个过程中,我们需要在主配置文件中设置可以解析的两个区域,并建立这两个区域所对应的区域文件。

3)具体解决方案实现

(1)安装 named.ca

下载 ftp://rs.internic.net/domain/named.root,这是域名解析根服务器的最新版本。下载完毕后,将该文件改名为 named.ca,然后复制到"/var/named"下。

(2)编辑主配置文件,添加根服务器信息

```
[root@ server ~]#vim/etc/named.conf
Options{
directory"/var/named";
};
Zone"."   IN   {
```

```
Type        hint;
                        File       "name. ca" ;
}
```

(3)添加 zjipcs. com 和 design. com 域信息

```
[root@ server ~ ]#vim/etc/named. conf
......
zone"zjipcs. com" {
type    master;
file    "zjipcs. com. zone" ;
};
zone"10. 168. 192. in-addr. arpa" {
type    master;
file    "1. 10. 168. 192. zone" ;
};
Zone"design. com" {
type    master;
file    "design. com. zone" ;
};
zone"20. 168. 192. in-addr. arpa" {
type    master;
file"1. 1. 168. 192. zone" ;
};
```

(4)将/etc/named. conf 属组由 root 改为 named

```
[root@ server ~ ]#cd/etc
[root@ server ~ ]#chgrp namednamed. conf
```

(5)建立 2 个区域所对应的区域文件,并更改属组为 named

```
[root@ server ~ ]#touch   /var/named/zjipcs. com. zone
[root@ server ~ ]#chgrp      named/var/named/zjipcs. com. zone
[root@ server ~ ]#touch      /var/named/design. com. zone
[root@ server ~ ]#chgrp   named/var/named/design. com. zone
```

(6)配置区域文件并添加相应的资源记录

①配置“zjipcs. com”正向解析区域。

```
[root@ server ~ ]#      vim      /var/named/zjipcs. com. zone
$ORIGIN      zjipcs. com.
$TTL86400
@    IN   SOA    server. zjipcs. com.    root. server. zjipcs. com. (
  2010021400              ;serial
  28800                   ;Refresh
  14400                   ;Retry
```

```
  3600000                    ;Expire
  86400)                     ;Minimum
@       IN          NS              server. zjipcs. com.
serverIN          A             192. 168. 10. 1
mailIN          MX             10            rhel7. zjipcs. com
mail1 IN          MX              11            server. zjipcs. com.
ftpIN          A                           192. 168. 10. 2
aspIN          A                           192. 168. 10. 3
rhel7IN          A                           192. 168. 10. 4
helloIN          CNAME                        server
mailIN          CNAME                        server
newsIN          CNAME                     mail
proxy IN          CNAME                     ftp
wwwIN          CNAME                     server
sambaIN          CNAME                     server
```

②配置“zjipcs. com”反向解析区域。

```
[root@ server ~ ]#vim/var/named/1. 10. 168. 192. zone
 $ ORIGIN      10. 168. 192. in-addr-arpa.
 $ TTL86400
@    IN SOA   1. 10. 168. 192. in-addr. arpa   root. server. zjipcs. com. (
  2010021400                  ;serial
  28800                       ;Refresh
  14400                       ;Retry
  3600000                     ;Expire
  86400)                      ;Minimum

@       IN        NS              server. zjipcs. com.
1       IN        PTR             server. zjipcs. com
2       IN        PTR             ftp. zjipcs. com
3       IN        PTR             asp. zjipcs. com
4       IN        PTR             mail. zjipcs. com
```

③配置“design. com”正向解析区域文件。

```
[root@ server ~ ]#vim/var/named/design. com. zone
 $ ORIGIN      design. com.
 $ TTL86400
@   IN   SOA   server. design. com.    root. server. zjipcs. com. (
  2010021400             ;serial
  28800                  ;Refresh
  14400                  ;Retry
```

```
  3600000              ;Expire
  86400 )              ;Minimum

@       IN        NS         server. design. com.
serverIN        A                192. 168. 20. 1
computer1IN     A                192. 168. 20. 5
computer2IN     A                192. 168. 20. 6
```

④配置“design. com”反向解析区域文件。

```
[ root@ server ~ ]#    vim    /var/named/1. 20. 168. 192. zone
 $ ORIGIN     20. 168. 192in-addr. arpa.
 $ TTL86400
@      IN     SOA   1. 20. 168. 192. in-addr. arpa. root. server. zjipcs. com. (
  2010021400           ;serial
  28800                ;Refresh
  14400                ;Retry
  3600000              ;Expire
  86400 )              ;Minimum

@      IN        NS                      server. design. com.
1   IN       PTR                         server. design. com
5   IN       PTR                         computer2. design. com
6   IN       PTR                         computer2. design. com
```

⑤实现负载均衡功能。

我们的 FTP 服务器本来的 IP 地址是 192. 168. 10. 2,但由于性能有限,不能满足客户端大流量的并发访问,新添加了两台服务器 192. 168. 10. 12 和 192. 168. 10. 13,采用 DNS 服务器的负载均衡功能来提供更加可靠的 FTP 功能,在 DNS 服务器的正向解析区域主配置文件中,添加如下信息:

```
ftp IN          A          192. 168. 10. 2
ftp IN          A          192. 168. 10. 12
ftp IN          A          192. 168. 10. 13
```

5.5 DNS 服务器故障诊断工具

1) nslookup

nslookup 工具可以查询互联网域名信息,检测 DNS 服务器配置。如查询域名所对应的 IP 地址等。nslookup 支持两种模式:非交互式和交互式模式。

非交互式模式仅仅可以查询主机和域名信息。在命令行下直接输入 nslookup 命令,查询域名信息。

命令格式：

```
nslookup 域名或IP地址
```

交互模式允许用户通过域名服务器查询主机和域名信息或者显示一个域的主机列表。用户可以按照需要，输入指令进行交互式的操作。交互模式下，nslookup 可以自由查询主机或者域名信息。例如：

①运行 nslookup 命令：

```
[root@ server]#nslookup
```

②正向查询，查询域名 www. jnrp. cn 所对应的 IP 地址：

```
>www. jnrp. cn
Server:        192.168.1.2
Address:        192.168.1.2#53
```

③反向查询，查询 IP 地址 192.168.1.2 所对应的域名：

```
>192.168.1.2
Server:        192.168.1.2
Address:        192.168.1.2#53
```

④显示当前设置的所有值：

```
>set all
```

2)dig 命令

dig 是一个灵活的命令行方式的查询工具，常用于从域名服务器中获取特定的信息。例如，通过 dig 命令查看域名 www. jnrp. cn 的信息。

```
[root@ server ~]#dig www. jnrp. cn
```

3)查看启动信息

```
[root@ server ~]#systemctl restart named
```

如果 named 服务无法正常启用，可以查看提示信息，根据提示信息更改配置文件。

4)查看端口

如果服务正常工作，则会开启 TCP 和 UDP 的 53 端口，可以使用 netstat-an 命令检测 53 端口是否正常工作。

```
[root@ server]#netstat-an|grep53
```

5)DNS 中的常见故障诊断

①配置文件名写错。在这种情况下，运行 nslookup 命令不会出现命令提示符“>”。

②主机域名后面没有小点“.”，这是常犯的错误。

③/etc/resolv. conf 文件中的域名服务器的 IP 地址不正确。在这种情况下，noslookup 命令不出现命令提示符。回送地址的数据文件有问题。同样 nslookup 命令不出现提示符。

④在 etc/named. conf 文件中的 zone 区域声明中定义的文件名与/var/named 目录下的区

域数据库文件名不一致。

练习题

1. 填空题

(1)在 Interent 中计算机之间直接利用 IP 地址进行寻址,因而需要将用户提供的主机名转换成 IP 地址,我们把这个过程称为________。

(2)DNS 提供一个________________的命名方案。

(3)DNS 顶级域名中表示商业组织的是________。

(4)________________表示主机的资源记录,________________表示别名的资源记录。

(5)写出可以用来检测 DNS 资源创建的是否正确的两个工具________、________。

(6)DNS 服务器的查询模式有______________________、______________________。

(7)DNS 服务器分为__________、__________、__________、__________4 类。

(8)一般在 DNS 服务器之间的查询请求属于________________查询。

2. 选择题

(1)在 Linux 环境下,能实现域名解析的功能软件模块是(　　)。

A. apache　　B. dhcpa

C. BIND　　D. SQUID

(2)www. jnrp. udu. cn 是 Internet 中主机的(　　)。

A. 用户名　　B. 密码

C. 别名　　D. IP 地址

E. FQDN

(3)在 DNS 服务器配置文件中,A 类资源记录是(　　)。

A. 官方信息　　B. IP 地址到名字的映射

C. 名字到 IP 地址的映射　　D. 一个 name serer 的规范

(4)在 Linux DNS 系统中,根服务器提示文件是(　　)。

A. /etc/named. ca　　B. /var/named/named. ca

C. /var/named/named. local　　D. /etc/named. local

(5)DNS 指针记录标志是(　　)。

A. A　　B. PTR　　C. CHAME　　D. NS

(6)DNS 服务器的端口是(　　)。

A. TCP 53　　B. UDP 53　　C. TCP 54　　D. UDP54

(7)以下(　　)命令可以测试 DNS 服务器的工作情况。

A. dig　　B. hose

C. nslookup　　D. named-checkzone

(8)以下(　　)命令可以启动 DNS 服务。

A. service named start

B. /etc/init. d/named start

C. servicedns start

D. /etc/init. d/dns start

3. 简答题

(1)简述域名空间的有关内容。

(2)简述 DNS 域名解析的工作过程。

(3)简述常用的资源记录。

项目六　Apache 服务器配置与应用

由于能够提供声音、图形等多媒体数据，Web 服务器早已成为 Internet 用户所喜欢的访问方式。

Apache 服务器是在 HTTP 协议的服务器实现，而 IE、firefox 是在该协议的客户端实现。Apache 服务器是 Apache 软件基金会维护开发的一个开放源代码的网页服务器，可以在绝大多数计算机操作系统中运行，当前 Apache 市场占有率约为 50% 。

项目描述

某企业组建了企业局域网，并建设了企业网站，需要搭建 Web 服务器来运行该企业网站，同时为管理该网站提供便利，需要配置 FTP 服务。本项目单元我们聚焦在应用 Apache 服务器架设企业 Web 服务器的相关技术与能力。

项目目标

- 了解 Apache 服务器的作用
- 理解 Apache 服务器的主配置文件架构及选项
- 掌握 Apache 服务器的配置技巧

6.1　背景知识

6.1.1　Apache 历史

www 是 Internet 上被广泛应用的一种信息服务技术。www 采用的是客户端/服务器结构，整理和存储各种 www 资源，并响应客户端软件的请求，把所需的信息资源通过浏览器传送给用户。Web 服务器通常可以分为两种：静态 Web 服务器和动态 Web 服务器。

HTTP(Hypertext Transfer Protocol，超文本传输协议)可以算得上是目前国际互联网基础上的一个重要组成部分。而 Apache\IIS 服务器是 HTTP 协议的服务器软件，微软的 Internet Explorrer 和 Mozilla 的 Firefox 则是 HTTP 协议的客户端实现。

Apache 起初由 Illinois 大学 Urbana-Champaign 的国家高级计算程序中心开发。此后，Apache被开放源代码团体的成员不断发展和加强。Apache 服务器拥有可靠可信的美誉，已应用在超过半数的因特网站中，特别是那些热门和访问量大的网站。

开始 Apache 只是除了 Netscape 网页服务器(现在是 Sun ONE)之外的一个开放源代码选择。渐渐地,它开始在功能和速度上超越其他的基于 UNIX 的 HTTP 服务器。1996 年 4 月以来,Apache一直是 Internet 上最流行的 HTTP 服务器。1999 年 5 月,它在 57% 的网页服务器上运行,到了 2005 年 7 月,这个比例上升到了 69% 。2014 年,Apache 市场占有率约为 52% 。

6.1.2 Apache 特性

这里对比较流行的 Nginx 和 Apache 进行比较:

Nginx 较轻量级,同样的 Web 服务,比 Apache 占用更少的内存及系统资源;Nginx 处理请求是异步非阻塞型的,而 Apache 则是阻塞型的,在高并发下 Nginx 能保持低资源、低消耗。

Apache 相对于 Nginx 的优点:它的 Rewrite 功能比 Nginx 的 Rewrite 功能强大,动态页面模块多,基本想要的都可以找到,Bug 少、稳定性强。

作为 Web 服务器:相比 Apache,Nginx 使用更少的资源,支持更多的并发连接,体现更高的效率,这点使 Nginx 尤其受到虚拟主机提供商的欢迎。在高并发连接的情况下,Nginx 是 Apache 服务器不错的替代品,能够支持高达 5 万个并发连接数的响应。

Nginx 是一个安装非常的简单、配置文件非常简洁(还能够支持 perl 语法)、Bug 非常少的 Web 服务器,Nginx 启动特别容易,并且几乎可以做到不间断运行。

最核心的区别在于 Apache 是同步多进程模型,一个连接对应一个进程;Nginx 是异步的,多个连接可以对应一个进程。

Nginx 处理静态文件好,耗费内存少,但无疑 Apache 仍然是目前的主流,有很多丰富的特性,所以还需要搭配着来用。当然如果能确定 Nginx 能适合需求,那么使用 Nginx 会是更经济的方式。

Apache 先天不具备支持多核心处理负载的缺点,可以考虑使用 Nginx 做前端,后端用 Apache。Apache 在处理动态页面上有优势,Nginx 并发性比较好,CPU 内存占用低,但如果 Rewrite功能使用频繁,那还是用 Apache 较合适。

6.1.3 LAMP 模型

互联网动态网站是最流行的 Web 服务器类型,在 Linux 平台下,搭建动态网站的组合采用最为广泛的 LAMP,即 Linux、Apache、MySQL 和 PHP 等 4 个开源软件构建,取英文第一个字母的缩写命名为 LAMP。

Linux 是基于 GPL 协议的操作系统,具有稳定、免费、多用户、多进程的特点,Linux 的应用非常广泛,是服务器操作系统的理想选择。

Apache 为 Web 服务器软件,与微软公司的 IIS 相比,Apache 具有快速、廉价、易维护、安全可靠这些优势,并且开放源代码,据统计,目前在全球的 Web 服务器市场,Apache 占有 52% 的市场。

MySQL 是关系数据库的系统软件,由于它的功能强大,灵活性好,有良好的兼容性及精巧的系统结构,作为 Web 服务器的后台数据库,应用极为广泛。PHP 是一种基于服务端创建动态网站的脚本语言,是开放源码。它支持多个操作平台,可以运行在 Windows 和多种版本的 UNIX 上,不需要任何预告处理就可以快速反馈结果,并且消费的资源较少,当 PHP 作为Apache服务器一部分时，运行代码不需要调用外部程序，服务器也不需要承受任何额外的负担。

6.2 项目规划与准备

6.2.1 项目规划

本项目拟在 CentOS 7 操作系统平台下，应用开源的 Apache 服务器及 PHP 动态网页技术，组建企业网站的 Web 服务器运行环境，并实现基于主机和用户认证的访问控制。

6.2.2 项目准备

安装有 64 位企业服务器的 CentOS 7 系统的服务器或 PC 机器一台，要求配置固定的 IP 地址；测试用的 Windows 机器一台。要求两台机器在局域网能互联互通，可以在虚拟机环境里实现，规划好各自机器的 IP 地址。

6.3 项目分步实施

任务 1 Apache 的安装、启动与停止

(1)安装、启动与测试 Apache 服务

CentOS 7 默认不会安装 Apache 服务，可以使用下面的命令检查系统是否已经安装了Apache服务。要启动 Apache 的网络服务，要用 httpd 作为服务名：

```
[root@ server ~ ]#rpm-qa|grephttpd          //查询 httpd 是否安装好
[root@ server ~ ]#yum install httpd         //在线安装 Apache 服务器
```

(2)测试 httpd 服务是否安装成功

```
[root@ server ~ ]#systemctl start httpd     //启动 Apache 服务
[root@ server ~ ]#systemctl enable httpd    //设置该服务为开机启动
```

启动好 httpd 服务后，在客户端的浏览器中输入 Apache 服务器的 IP 地址，或在服务器本机浏览器输入“localhost”即可进行访问。如果看到如图 6-1 所示的页面提示信息，则表示Apache 服务器已安装成功。

(3)启动、停止或重新启动 Apache 服务命令

```
[root@ server ~ ]#systemctl start httpd
[root@ server ~ ]#systemctl restart httpd
[root@ server ~ ]#systemctl stop httpd
```

(4)配置防火墙放行

需要注意的是，CentOS 7 Linux 采用了 SELinux 这种增强的安全模式，在默认的配置下，只有 SSH 服务可以通过。像 Apache 这种服务，在安装、配置、启动完毕后，还需要设置防火

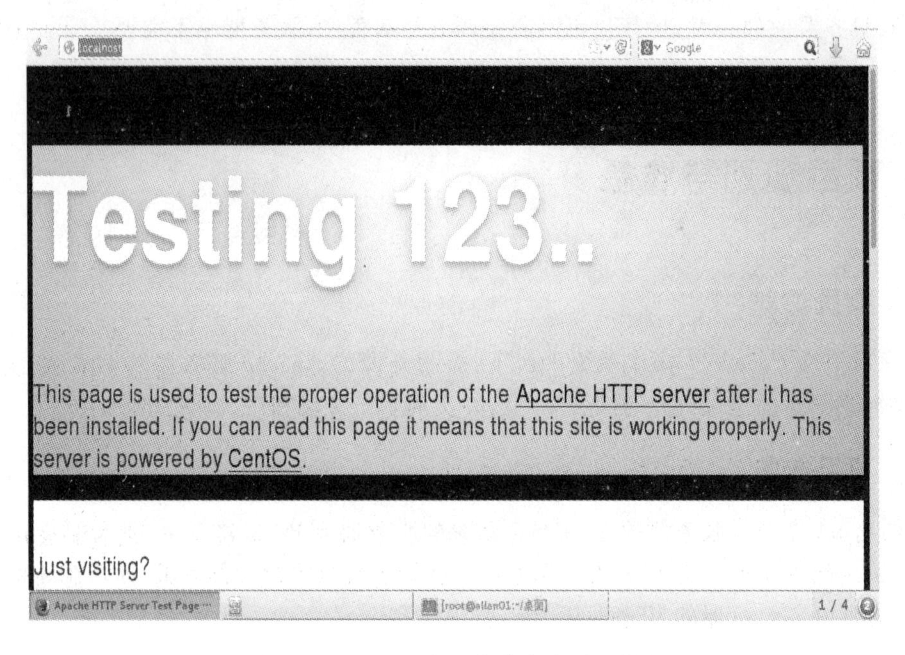

图 6-1 Apache 服务器安装成功测试截图

墙,并简单关闭相关设置。

```
[root@ ~]#systemctl stopiptables
[root@ ~]#systemctl stopfirewalld
[root@ ~]#systemctl statusfirewalld          //查看 firewalld 状态
[root@ ~]#systemctl statusiptables
[root@ ~]#setenforce 0                       //在系统运行状态下关 SELinux
```

并编辑/etc/sysconfig/selinux 如下:

```
#This file controls the state of SELinux on the system.
SELINUX = disabled          //永久关闭 SELinux
......
```

(5)自动加载 Apache 服务

使用 chkconfig 命令自动加载:

```
[root@ server ~]#chkconfig --level 3 httpd on       //运行级 3 自动加载
[root@ server ~]#chkconfig --level 3 httpd off      //运行级 3 自动关闭
```

任务 2 Apache 基础配置实践

关于 Apache HTTP 服务器的详细的权威文档请参考官方的网站:httpd. apache. org/docs/2. 4/zh-cn/。

CenOS 7 默认在线安装的 Apache 版本为:httpd-2. 4. 6-19. el7. centos. x86_64. rpm。即常用的为 httpd-2. 4. 6 版本。

Apache 服务器的主配置文件是 httpd. conf,该文件通常存放在/etc/httpd 目录下。httpd . conf文件不区分大小写,在该文件中以“#”开始的行为注释行。除了注释行和空行外,服务器把其他的行认为是完整的或部分的指令。指令又分为类似于 Shell 的命令和伪 HTML 标记。指令的语法为“配置参数名称参数值”。伪 HTML 标记的语法格式如下：

```
<Directory/>
AllowOverride None
    Require all denied
</Directory>
```

主配置文件主要由全局环境配置、主服务器配置和虚拟主机配置 3 部分组成。

(1)全局环境配置(Global Environment)

①ServerRoot"/etc/httpd"。此为 Apache 的根目录。配置文件、记录文件、模块文件都在该目录下。

②Timeout 120。设定超时时间。如果客户端超过 120 秒还没有连接上服务器，或者服务器超过 120 秒还没有传送信息给客户端，则强制断线。

③KeepAlive off。不允许客户端同时提出多个请求，设为 on 表示允许。

④MaxKeepAliveRequests。每次联系允许的最大请求数目，数字越大，效率越高。0 表示不限制。

⑤KeepAliveTimeout 15。客户端的请求如果 15 秒还没有发出，则断线。

⑥MinSpareServers 5, MinSpareServers 20。“MinSpareServers 5”表示最少会有 5 个闲置的httpd 进程来监听用户的请求。如果实际的闲置数目小于 5，则会增加 httpd 进程。“MinSpareServers 20”表示最大的闲置 httpd 进程数目为 20。如果网站访问量很大，可以将这个数目设置大一些。

⑦StartServers 8。启动时打开的 httpd 进程数目。

⑧MaxClients 256。限制客户端最大连接数目。一旦达到此数目，客户端就会收到“用户太多，拒绝访问”的错误提示。该数目不应该设置得太小。

⑨MaxRequestsPerChild 4000。限制每个 httpd 进程可以完成的最大任务数。

(2)主服务器配置(Main server configuration)

本部分主要用于配置 Apache 的主服务器。

①ServerAdminroot@ localhost。管理员的电子邮件地址。如果 Apache 有问题，则会寄信给管理员。

②#ServerNamewww. example. com:80。此处为主机名称，如果没有申请域名，使用 IP 地址也可以。

③DocunmentRoot"/var/www/html"。设置 Apache 主服务器网页存放地址。

④设置 Apache 根目录的访问权限和服务方式。

```
<Directory/>
Options FollowSymLinks
AllowOvweeide None
</Directory>
```

⑤设置 Apache 主服务器网页文件存放目录的访问权限。

```
< Directory  "/var/www/html" >
Oprions Indexes FollowSymlinks
AllowOverride None
            Order allow,deny
            Allow feom all
< Directory/ >
```

⑥设置用户是否可以在自己的目录下建立 public_html 目录来放置网页。

```
< IfModulemod_userdir. c >
UserDir disable
          UserDirpublic_html
< /Imodule >
```

(3)虚拟主机配置

通过配置虚拟主机,可以实现单个服务器上运行多个 Web 站点。对于访问量较少的网站,这样做可以降低单个网站运营成本。虚拟主机可以是基于 IP 地址、主机名或端口号的。基于 IP 地址的虚拟主机需要计算机配有多个 IP 地址,每个 Web 站点分配一个 IP 地址。基于主机名的虚拟主机要求永远多个主机名,并且为每个 Web 站点分配一个主机名。基于端口号的虚拟主机,要求不同的 Web 站点通过不同的端口号监听,这些端口号要避免和系统已使用的冲突。

下面是虚拟主机的部分配置文档示例:

```
NameVirtualHost * ;80
< VirtuaLHost * 80 >
ServerAdmin webmaster@ david-host. example. com
documentRoot/www. /docs/david-host. example. com
serverNamedavid-host. example. com
Errorlog logs/david-host. example. com-error_log
CustomLog logs/david-host. example. com-access_log common
< /VirtualHost >
```

任务3 让 Apache 运行动态网页

所谓动态网页,就是跟只能显示 HTML 这些一开始写好的内容不同,它像程序一样,对不同的输入请求进行处理后能得到不同的输出,Linux 平台上使用最多的动态网页语言是 PHP。这里介绍一下如何安装和使用 PHP。

(1)配置 Apache 运行动态网页的环境

其实要在 Linux 下使用 PHP 很简单,只要用 yum 在线安装 PHP 即可:

```
[root@ server ~ ]#yum install php
```

随后需要重新启动一下 Apache:

```
[root@ server ~ ]#systemctl restart httpd
```

(2)编写简单的动态网页

PHP 是 Linux 平台下使用最为广泛的动态网页语言,其语法融合了 C、Perl 和 Java 的特点，十分容易上手。这里来详细介绍一下。

```
[root@ server ~ ]#cd/var/www/html
[root@ server ~ ]#mkdirvsite1 vsite2
```

首先进入/var/www/html/vsite1 的目录，将 index. html 删除，建立 index. php：

```
[root@ server ~ ]#cd vsite1
[root@ server ~ ]#mv index. html index. php&& echo  >index. php
```

上面有两个命令，用 && 隔开了；mv 是重命名文件，echo 则是将文件内容清空。

打开 index. php，添加如下内容：

```
<? php
echo'你的浏览器信息是:'.  $_SERVER['HTTP_USER_AGENT'];
echo'<br>';
echo'你的 IP 是:'. $_SERVER['REMOTE_ADDR'];
? >
```

$_SERVER：是 PHP 预定义的全局变量，里面存放了服务器的各种信息，比如说：

$_SERVER['HTTP_USER_AGENT']这个变量保存了访问端浏览器发送过来的版本信息和系统信息；$_SERVER['REMOTE_ADDR']保存了访问者的 IP 地址。

这样客户端浏览器显示的结果，如图 6-2 所示。

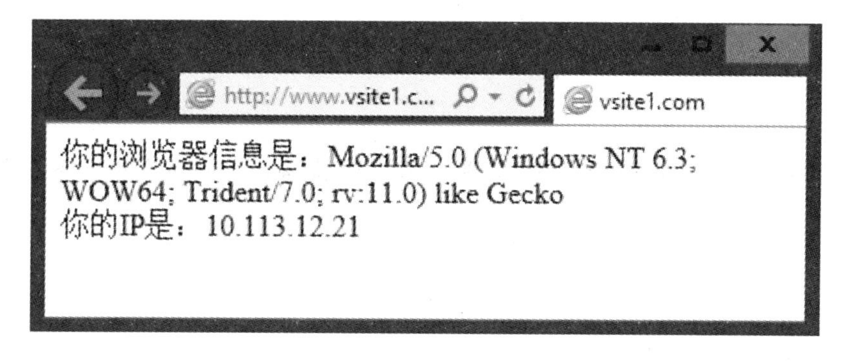

图 6-2　动态网页客户端测试 1

同样在 vsite2 目录下进行类似的操作，不过将 PHP 文件的内容修改成：

```
<? php
if(isset($_GET['a'])&&isset($_GET['b'])){
    $a = (int) $_GET['a'];
    $b = (int) $_GET['b'];
    $sum = $a + $b;
echo"a + b = ". $sum;
}else{
echo"hello,world";
}
? >
```

然后在客户端的浏览器里访问测试结果，如图 6-3 所示。

```
http://www. vsite2. com/index. php? a = 1&b = 99
```

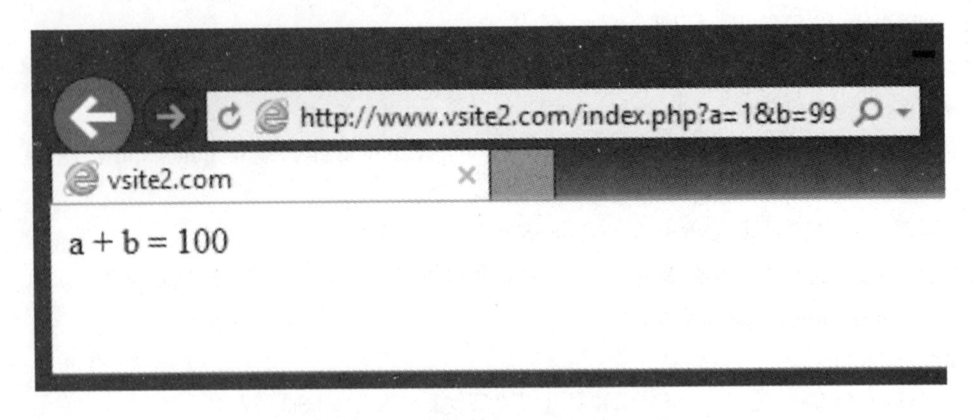

图 6-3　动态网页客户端测试 2

如果直接访问 www. vsite2. com,则返回的是静态网页,如图 6-4 所示。

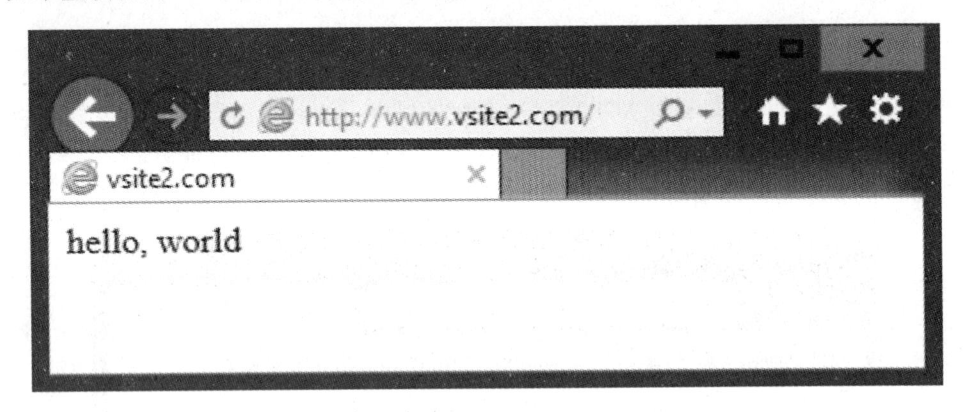

图 6-4　静态网页测试结果图

6.4　项目实战与应用

6.4.1　创建多个虚拟网站应用

Apache 提供了多主机支持,对于主服务器之外的主机支持,主要是通过 VirtualHost(虚拟主机)来完成的,Apache 服务器的 httpd. conf 主配置文件中的第 3 部分是关于虚拟主机的。虚拟主机是在一台 Web 服务器上,可以为多个独立的 IP 地址、域名或端口号提供不同的 Web 站点。所以关于虚拟主机的配置有以下 3 类运用方法,我们这里拟给出前面两类配置的实例。

①基于 IP 地址的虚拟主机配置。

②基于域名的虚拟主机配置。

③基于端口号的虚拟主机配置。

1)基于 IP 地址的虚拟主机的配置实例

基于 IP 地址的虚拟主机的配置需要在单个服务器上绑定多个 IP 地址,然后配置Apache 服务,把多个网站绑定在不同的 IP 地址上。访问同一服务器上不同的 IP 地址,可以看到不同的网站。

若某企业 Apache 服务器具有 10.99.0.20 和 10.99.1.30 两个 IP 地址。现需要利用它分别创建两个基于 IP 地址的虚拟主机,要求不同的虚拟主机对应各自的主目录,默认文档的内容自然也不同。解决方案如下:

(1)分别创建"/var/www/ipa"和"/var/www/ipb"两个主目录及对应的默认文件

```
[root@ server ~ ]#mkdir  /var/www/ipa  /var/www/ipb
[root@ server ~ ]#echo"this is10.99.0.20's web!" > >/var/www/ipa/index.html
[root@ server ~ ]#echo "this is10.99.1.30's web." > >/var/www/ipb/index.html
```

(2)修改"httpd. Conf"文件

该文件的修改内容如下:

```
//以下部分设置基于 IP 地址为 10.99.0.20 的虚拟主机
<virtualhost10.99.0.20>
Documentroot  /var/www/ip1                    //设置该虚拟主机的主目录
Directoryindexindex.hyml                      //设置默认文件的文件名
Serveradmin  root@ sales.com                  //设置管理员的邮箱地址
Errorlog  logs/ip1-error-log                  //设置错误日志的存放位置
Customlog  logs/ip1-access-log common         //设置访问日志的存放位置
</virtualhost>
//以下部分设置基于 IP 地址为 10.99.1.30 的虚拟主机
<virtualhost 192.168.0.30>
Documentroot  /var/www/ip2                    //设置该虚拟主机的主目录
Directoryindexindex.hyml                      //设置默认文件的文件名
Serveradmin  root@ sales.com                  //设置管理员的邮箱地址
Errorlog  logs/ip1-error-log                  //设置错误日志的存放位置
Customlog  logs/ip1-access-log  common        //设置访问日志的存放位置
</virtualhost>
```

(3)重新启动 httpd 服务

```
[root@ server ~ ]#systemctl restart httpd
```

(4)在客户端浏览器中可以看到 http://10.99.0.20 和 http://10.99.1.30 两个网站的浏览效果

2)基于域名的虚拟主机配置应用实例

我们这里拟使用同一个 IP 创建不同的网站,他们的区别在访问者看来只是网站的名字不同而已,即各虚拟主机通过域名进行区分。

若某企业 Apache 服务器具有地址:10.113.12.200IP。现需要利用它分别创建两个基于域名的虚拟主机，要求不同的虚拟主机对应各自的主目录，默认文档的内容自然也不同。解决方案如下：

（1）在配置文件的最后添加一个节点

```
NameVirtualHost10.113.12.200
```

（2）在这行后面添加节点

```
< virtualhost10.113.12.200 >
    DocumentRoot  /var/www/html/vsite
ServerName   www.vsite.com
</virtualhost >
```

像这样，要添加一个虚拟网站就要添加一个节点，里面的 DocumentRoot 是指这个网站使用哪个目录作为网站的根目录位置，ServerName 则是指定这个虚拟网站的名字。当客户端向 httpd 发起请求时，Apache 会根据发送过来的 host 值来查找符合的 DocumentRoot 指定的路径，然后显示那个目录里的文件内容，在服务器上的/var/www/html 下面建立工作目录（vsite1，vsite2）

```
$ cd/var/www/html
$ sudo mkdir vsite1 vsite2
$ sudo chmod 777 vsite1 vsite2
$ echo Virtual Site 1 > vsite1/index.html
$ echo Virtual Site 2 > vsite2/index.html
$ sudo systemctl restart httpd
```

这样服务端的准备就完成了。然后，将配置文件修改成如图 6-5 所示的内容就可以了。

图 6-5　基于域名的虚拟主机配置文件

（3）重启 Apache 服务

```
[root@ server ~ ]#systemctl restart httpd
```

（4）对客户端的电脑进行设置

要修改 hosts 文件，添加如图 6-6 所示内容。

```
10.113.12.20 www.vsite1.com www.vsite2.com
```

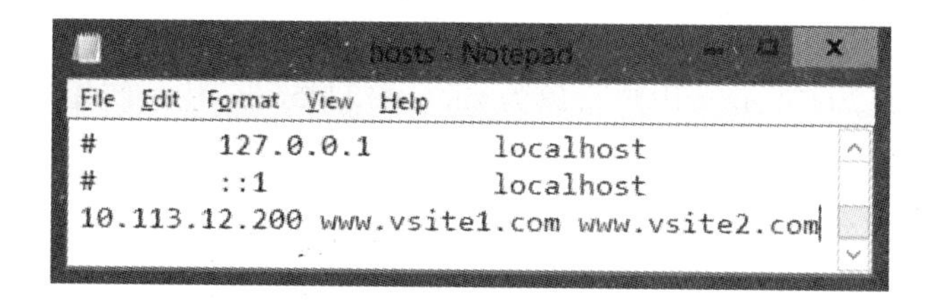

图 6-6 客户端 hosts 文件

(5)客户端浏览器测试效果

如图 6-7、图 6-8 所示。

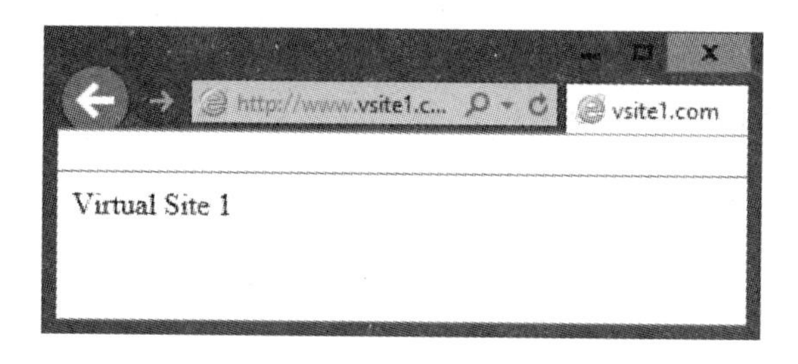

图 6-7 域名虚拟主机测试效果图 1

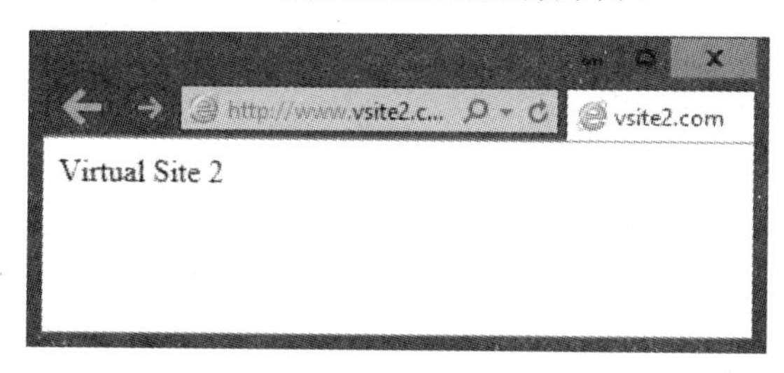

图 6-8 域名虚拟主机测试效果图 2

至此,两个虚拟的网站就搭建好了。

6.4.2 Apache 综合应用实例

1)要求

①用 Vmware 虚拟机软件,创建如图 6-9 所示的工作组,Win7 可以用复制的方法创建,要求重新安装 Linux。

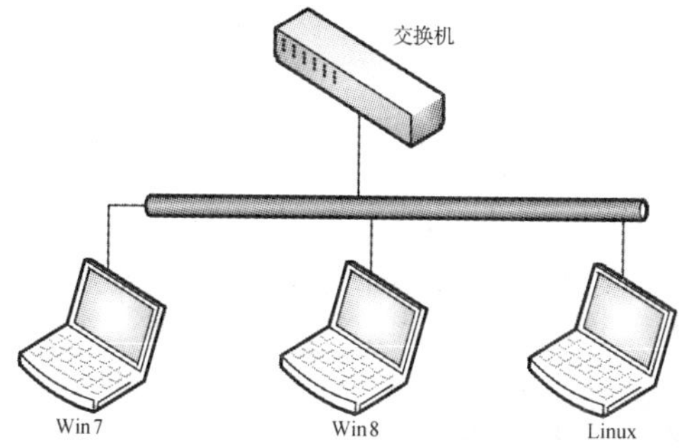

图 6-9 虚拟系统网络拓扑示意图

②虚拟机中硬盘为40G,根分区为10G,/var分区为10G,其他空间加载到/home分区。IP地址为192.168.1.20/24,root用户密码为zjipc@123456,新建系统用户a1,密码为zjipc@123456。

③配置DNS服务器。

```
www.shaoxing.com    -->   192.168.1.20
www.sxggsxjd.com    -->   192.168.1.20
192.168.1.10        -->   server.shaoxing.com
```

④Linux上配置Web服务器。

网站1,对应www.shaoxing.com,首页文档为default.htm。

网站2,对应www.sxggsxjd.com,首页文档为index.htm,禁止匿名用户访问www.shaoxing.com/private目录,访问时需要凭用户名a1、密码1234才允许。

2)解决方案及步骤

(1)用户添加和IP地址设定

```
[root@ ~]#useradd a1
[root@ ~]#passwd a1            //随后两次输入密码zjipc@123456
[root@ ~]#setup                //设置静态IP地址,注意使用tab和enter键
[root@ ~]#service network restart
```

(2)DNS服务器的配置

①DNS服务的安装。

检查DNS服务对应的软件包是否安装了,如果没有安装的话,进行安装:

检测系统是否安装DNS相关软件包:

```
[root@ ~]#rpm  -qa | grep bind
```

在线安装DNS软件包组:

```
[root@ ~]#yum install bind  bind-utils  caching-nameserverbind-libs ypbind bind-utils bind-chroot bind yp-tools caching-nameserver
```

或者在本地安装,假定软件包文件为binds且已放在桌面:

```
[root@ ~]#cd ~/Desktop/binds
[root@ ~]#rpm  -ivh  *.rpm
```

②DNS服务器的配置项目。

针对任务需求,我们这里需要配置好4个配置文件,分别是:

```
/etc/named.conf
                options{
                        listen-on port 53{192.168.1.20;};
                        allow-query{any;};
                        allow-transfer  {|202.96.107.27;  };
                        directory  "/var/named";
                    };
                zone"."IN
```

```
        {
                type hint;
                file" named ca" ;
        };
        zone" shaoxing. com" {
                type master;
                file" shaoxing. com. zone" ;
                };
        zone" sxggsxjd. com" {
                type master;
                file " sxggsxjd. com. zone" ;
                };
        zone" aa. com"    {
                type master;
                file   " aa. com. zone" ;
                };
        zone" 1. 168. 192. in-addr. arpa" IN {
                type master;
                file   " 1. 168. 192. in-addr. arpa. zone" ;
};
```

/var/named/shaoxing. com. zone

```
$ ORIGIN    shaoxing | . com.
$ TTL      86400
@          IN   SOA          dns. shaoxing. com.    root. shaoxing. com. (
                             2014061400             ;Serial
                               28800                ;Refresh
                               14400                ;Retry
                               3600000              ;Expire
                                86400)              ;Minimum

@                                IN   NS        dns. shaoxing. com.
dns. shaoxing. com.              IN   A         192. 168. 1. 20
www. shaoxing. com.              IN   A         192. 168. 1. 20
server. shaoxing. com.           IN   A         192. 168. 1. 20
```

/var/named/sxggsxjd. com. zone

```
$ORIGIN    sxggsxid. com.
$TTL       86400
@              IN    SOA                dns. sxggsxjd. com.      root. sxggsxjd. com. (
                                         2014061400              ;Serial
                                           28800                 ;Refresh
                                           14400                 ;Retry
                                           3600000               ;Expire
                                            86400)               ;Minimum

@                                          IN    NS              dns. sxggsxjd. com.
dns. sxggsxjd. com.                        IN    A               192. 168. 1. 20
www. sxggsxjd. com.                        IN    A               192. 168. 1. 20
```

/var/named/1. 168. 192. in-addr. arpa. zone

```
$TTL       86400
@     IN     SOA        shaoxing. com.    root. shaoxing. com.    (
             2014061107              ;serial
       3H                            ;refresh
       15M                           ;retry
       1W                            ;expire
       1D)                           ;mininum

@                               IN    NS                 dns. sales. com.

dns. shaoxing. com.                 IN    A              192. 168. 1. 20
www. shaoxing. com.                 IN    A              192. 168. 1. 20
server. shaoxing. com.              IN    A              192. 168. 1. 10

20                            IN    PTR                  dns. shaoxing. com.
20                            IN    PTR                  www. shaoxing. com. |
10                            IN    PTR                  server. shaoxing. com.
```

修改相关配置文件的属组为 named:

```
[root@ ~]#chgrp named/etc/named. conf
[root@ ~]#chgrp named/var/named/shaoxing. com. zone
[root@ ~]#chgrp named/var/named/sxggsxjd. com. zone
[root@ ~]#chgrp named/var/named/1. 168. 192. in-addr. arpa. zone
```

③指定测试机器的 DNS 地址,让其指向我们配置的 DNS 服务器:

```
[@ ~]#vi/etc/resolv.conf  //config local DNS
Namserver 192.168.1.20
[@ ~]#service network restart
```

④DNS 服务的启动与停止测试：

```
[root@ ~]systemctl start named          //启动 named 服务
[root@ ~]systemctl restart named        //重启 named 服务
[root@ ~]systemctl stop named           //停止 named 服务
```

⑤注意配置自己的网络参数：

```
[@ ~]#gedit/etc/sysconfig/network-scripts/ifcfg-eth0
*****
DEVICE = eth0
HWADDR = 00:0c:29:de:41:99
TYPE = Ethernet
UUID = e3b45c01-d1cd-4811-a876-c25ee1168b53
ONBOOT = yes
NM_CONTROLLED = yes
BOOTPROTO = none
IPADDR = 192.168.1.20
NETMASK = 255.255.255.0
GATEWAY = 192.168.1.2
DNS1 = 192.168.1.20
IPV6INIT = no
USERCTL = no
*****
[@ ~]#service network restart
```

⑥DNS 服务的测试：

```
[@ ~]#cd  /var/named
[@ ~]#named-checkzone shaoxing.com shaoxing.com.zone
[@ ~]#named-checkzone sxggsxjd.com sxggsxjd.com.zone
[@ ~]# named-checkzone shaoxing.com 1.168.192.in-addr.arpa.zone
[@ ~]#cd  /etc
[@ ~]#named-checkconf-v  -j  named.conf  -z
[@ ~]#service named restart
[@ ~]#nslookup www.shaoxing.com
[@ ~]#nslookup www.sxggsxjd.com
[@ ~]#nslookup server.shaoxing.com
[@ ~]#nslookup 192.168.1.10
```

⑦测试结果如下：

```
[root@ allan088 etc]# nslookup www.shaoxing.com
Server:   192.168.1.20
Address:   192.168.1.20#53
Name:   www.shaoxing.com
Address: 192.168.1.20
[root@ allan088 etc]# nslookup www.sxggsxjd.com
Server:   192.168.1.20
Address:   192.168.1.20#53
Name:   www.sxggsxjd.com
Address: 192.168.1.20
[root@ allan088 etc]# nslookup server.shaoxing.com
Server:   192.168.1.20
Address:   192.168.1.20#53
Name:   server.shaoxing.com
Address: 192.168.1.10
[root@ allan088 etc]# nslookup 192.168.1.10
Server:   192.168.1.20
Address:   192.168.1.20#53
10.1.168.192.in-addr.arpa   name = server.shaoxing.com.
[root@ allan088 etc]# nslookup mail.aa.com
Server:   192.168.1.20
Address:   192.168.1.20#53
Name:   mail.aa.com
Address: 192.168.1.20
```

(3)配置 Web 服务器

①Web 服务器安装:

检查 httpd 服务器对应的软件包是否安装,如果没有安装的话,进行安装。

检测系统是否安装 HTTPD 相关软件包:

```
[root@ ~]#rpm  -qa | grephttpd
```

在线安装 httpd 软件包组:

```
[root@ ~]#yum install httpd
```

或者本地安装 httpd 软件包(假定软件包组目录 http 在桌面):

```
[root@ ~]#cd ~/Desktop/http
[root@ ~]#rpm  -ivh  *.rpm
```

②启动或停止 Apache 服务器:

```
[root@ ~]#systemctl start httpd
[root@ ~]#systemctl restart httpd
[root@ ~]#systemctl stop httpd
```

③开放服务器防火墙:

```
[root@  ~]#systemctl   stop iptables          //关闭 iptables
[root@  ~]#systemctl   stop firewalld         //关闭 firewalld
[root@  ~]#systemctl   status firewalld       //查看 firewalld 状态
[root@  ~]#systemctl   status iptables        //查看 iptables 状态
[root@  ~]#setenforce 0                       //在系统运行状态下关闭 SELinux
```

并编辑/etc/sysconfig/selinux 如下：

```
//永久关闭 SELinux
# This file controls the state of SELinux on the system.
SELINUX = disabled
......
```

④编辑 httpd 主配置文件：

```
[root@ ~]#gedit/etc/httpd/conf/httpd. conf
* * * * *
```

查找并修改 DirectoryIndex 选项：

```
DirectoryIndex index. htm default. htmindex. php
```

查找并修改 ServerName 选项如下：

```
#ServerName www. example. com:80
ServerName localhost:80
```

在该配置文件末尾添加如下内容：

```
<VirtualHost *:80>
ServerName www. shaoxing. com
DocumentRoot/var/www/html/shaoxing
</VirtualHost>
<VirtualHost *:80>
ServerName www. sxggsxjd. com
DocumentRoot/var/www/html/sxggsxjd
</VirtualHost>
<Directory/var/www/html/shaoxing/private>
Allowoverrideauthconfig
</Directory>
* * * * *
```

⑤创建特定工作目录：

```
[root@ ~]#cd/var/www/html
[root@ ~]#mkdirshaoxingsxggsxjd
[root@ ~]#cdshaoxing
[root@ ~]#touch default. htm
[root@ ~]#gedit default. htm
…This is www. shaoxing. com …//添加如下内容
```

```
[root@ ~]#cd…/sxggsxjd
[root@ ~]#touch index. htm
[root@ ~]#gedit index. htm
. . . This is www. sxggsxjd. com. . .          //添加如下内容
[root@ ~]#cd/var/www/html/shaoxing
[root@ ~]#mkdirprivate
[root@ ~]#touch ./private/index. htm
[root@ ~]#gedit ./private/index. htm
. . . This is my privately. . .                //添加如下内容
[root@ ~]#cd/var/www/html/shaoxing
[root@ ~]#touch ./private/. htaccess           //在当前 shaoxing 目录下创建文件
[root@ ~]#gedit ./. htaccess                   //写入以下内容
* * * *
AuthName "需要用户验证"
AuthType basic
AuthUserFile/var/www/passwd/auth-a1
require valid-user
* * * *
```

⑥创建密码验证文件：

```
[root@ ~]#mkdir/var/www/passwd
[root@ ~]#cd/var/www/passwd
[root@ ~]#htpasswd-bc ./auth-a1 a1 1234
//a1 是用户名,1234 是密码,根据需要自行修改
[root@ ~]#chmod444 auth-a1
[root@ ~]#id apache
[root@ ~]#chownapache:apache auth-a1
[root@ ~]#cd/var/www/html/
[root@ ~]#chownapache:apache-R/var/www/html/shaoxing
[root@ ~]#chownapache:apache-R/var/www/html/sxggsxjd
```

⑦重启 HTTPD 服务：

```
[root@ ~]#systemctlrestarthttpd
```

⑧在浏览器测试 Apache 服务器配置。

⑨Vmware 设置说明：

· Vmware 下的虚拟机网络建议都设置为 NAT 模式。

· 在 Windows Server 2008 实体主机的“网络与共享中心”→“VMnet8”下的 IP 地址等参数可参考图6-10设置。

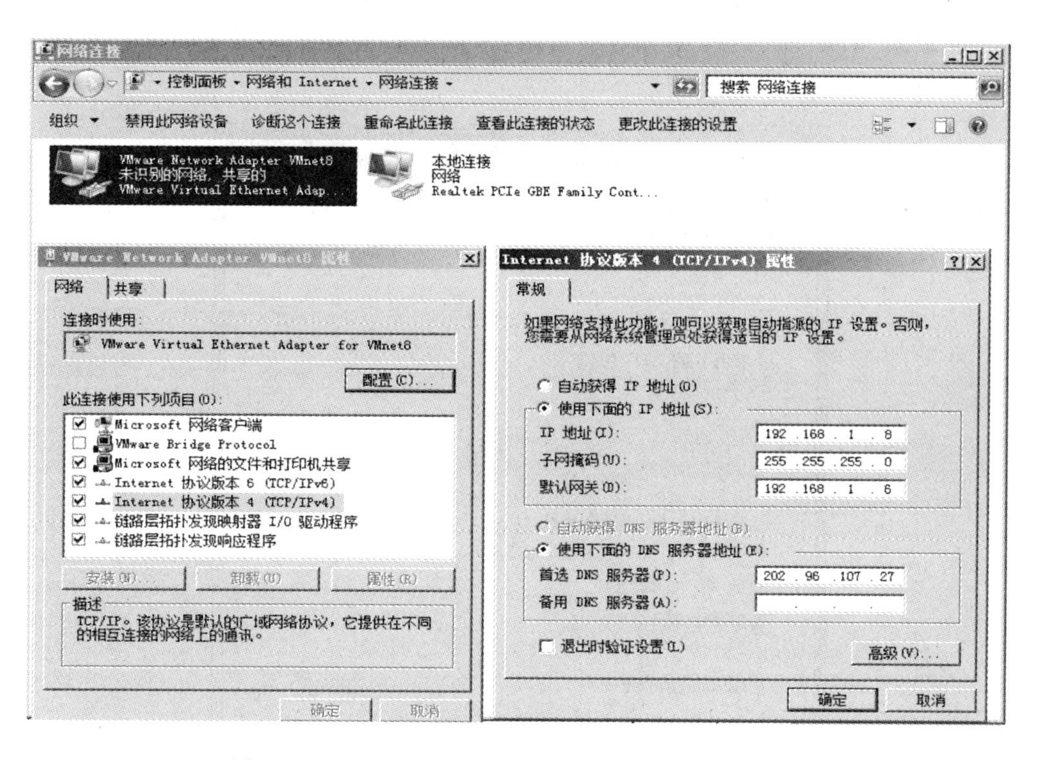

图 6-10 Windows Server 2008 主机虚拟网卡 VMnet8 配置

· CentOS 7 的 IP 等参数可参考图 6-11 设置。

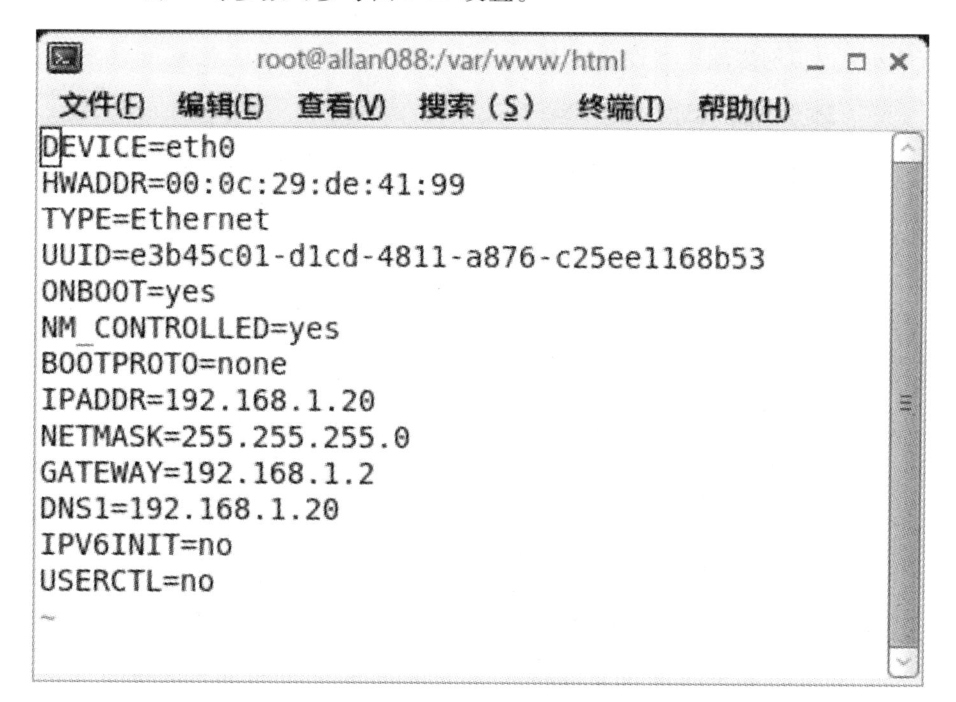

图 6-11 CentOS 虚拟机网络参数配置

· 虚拟机 Win7 的 IP 设置为自动获取，如图 6-12 所示，其他参数设置和虚拟机 CentOS 类似。

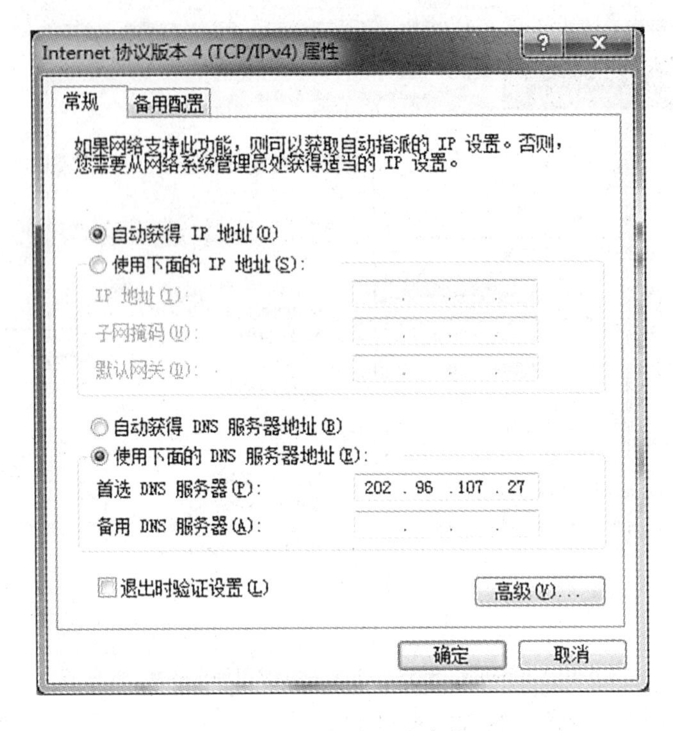

图 6-12　虚拟 Win7 网络参数配置

· VMware 虚拟网络编辑器设置如图 6-13 所示。

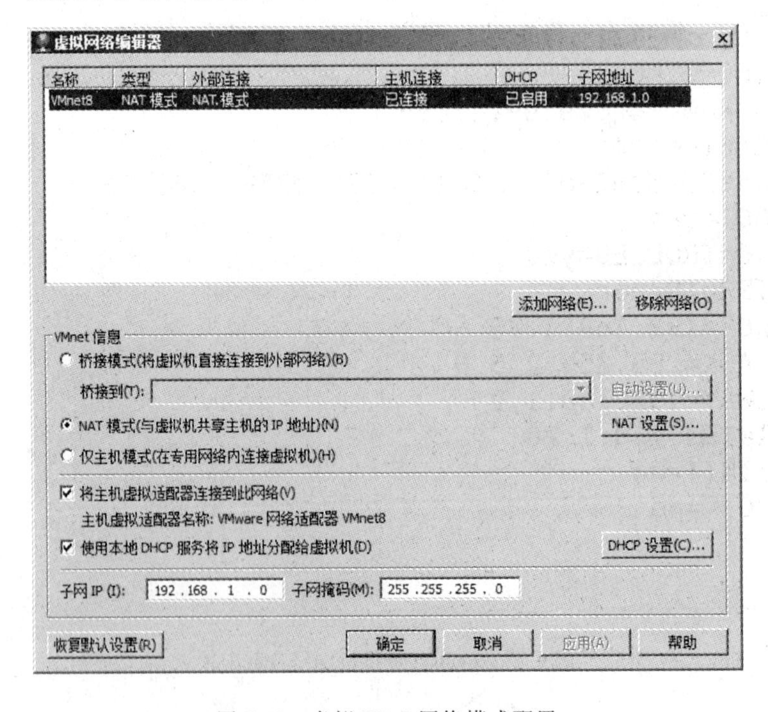

图 6-13　虚拟 Win7 网络模式配置

⑩以下为 Win7 下测试 Web 服务配置截图,如图 6-14 ~ 图 6-17 所示。

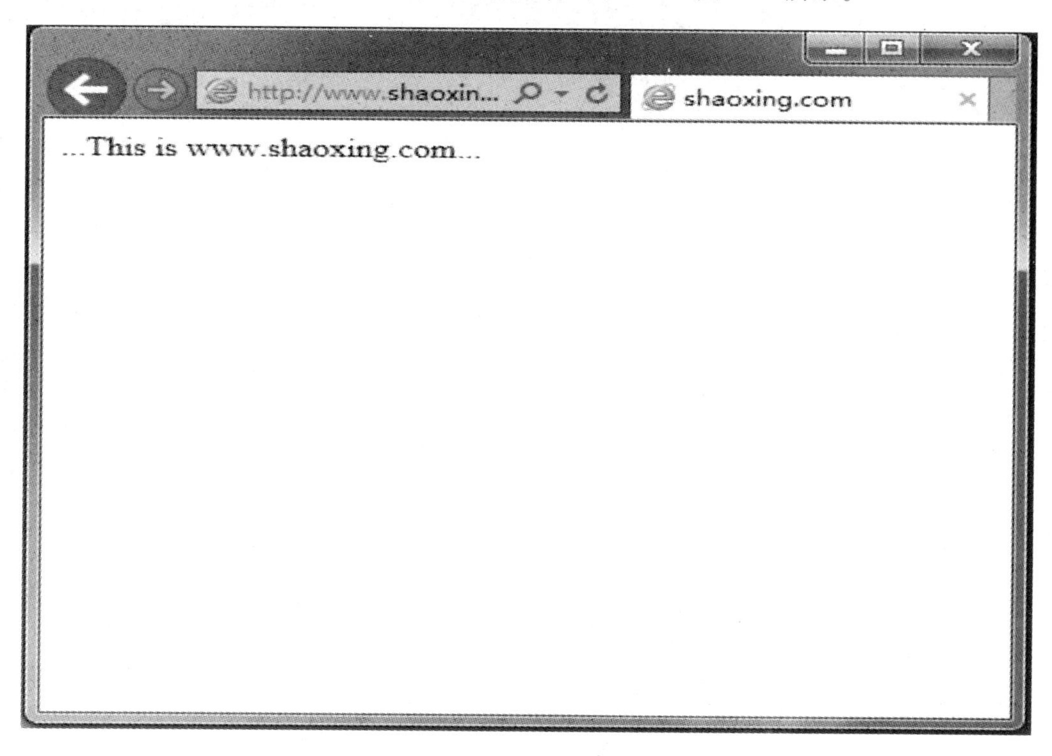

图 6-14　Web 网页测试图 1

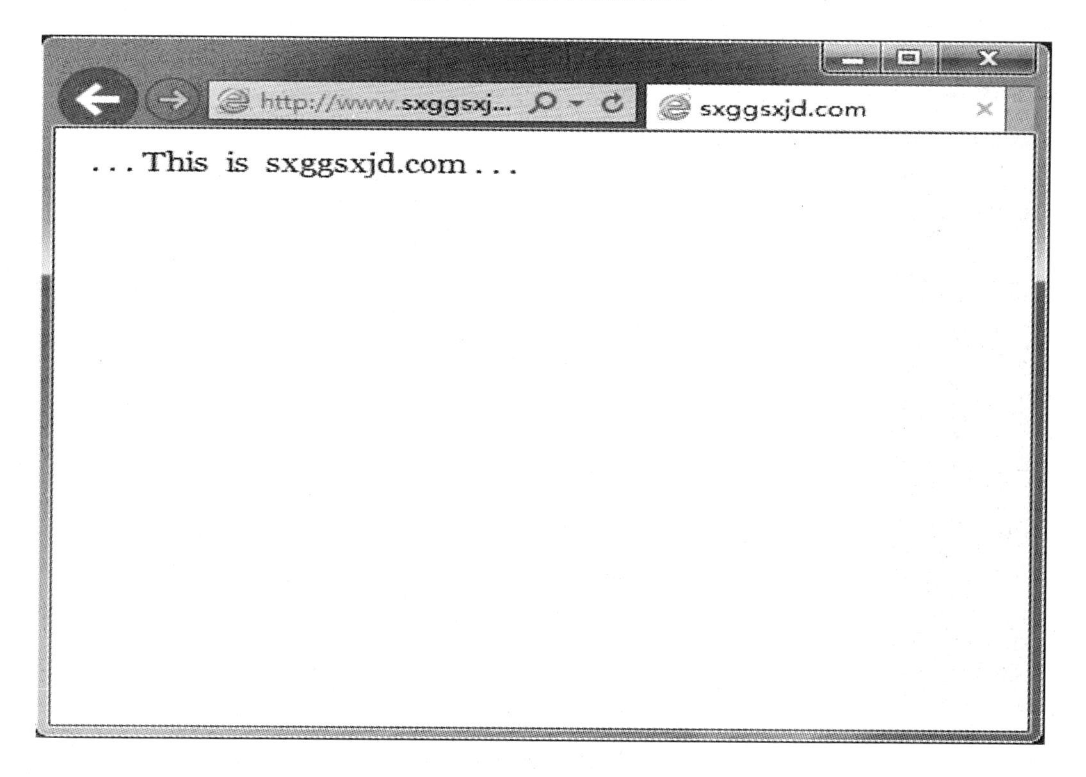

图 6-15　Web 网页测试图 2

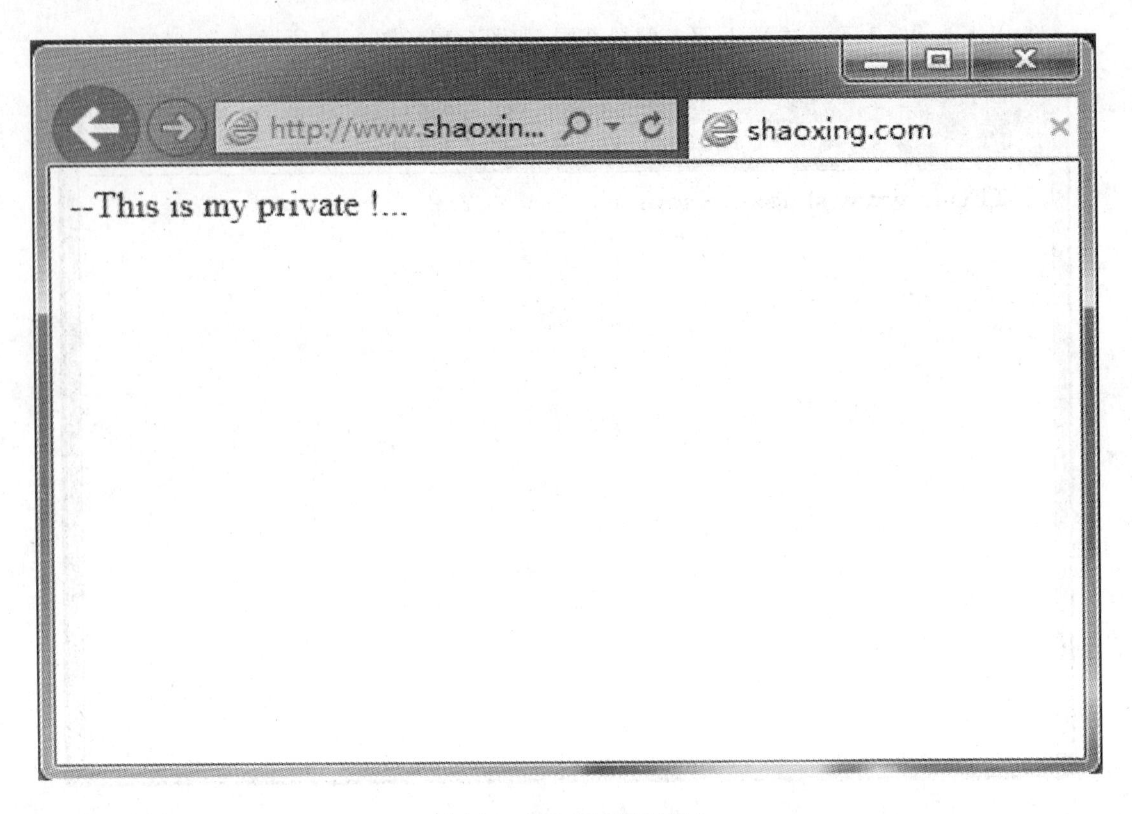

图 6-16　Web 网页测试图 3

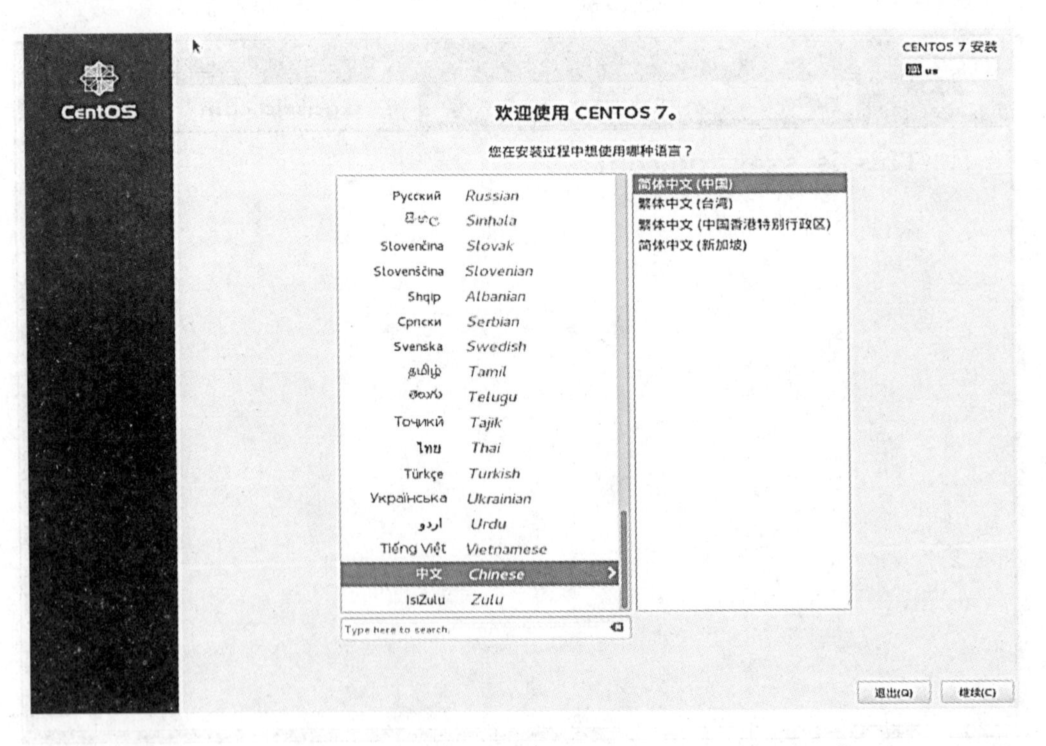

图 6-17　Web 网页测试图 4

练习题

1. 填空题

(1)HTTP 请求的默认端口是________。

(2)Web 服务器使用的协议是________,英文全称是________。

(3)在 Linux 平台下搭建动态网站使用 LAMP 组合,即________、________、________和________4 个开源软件构成。

(4)Apache 主配置文件主要由________、________和________3 部分构成。

(5)当前流行的 Web 服务器软件有________、________和________。

2. 选择题

(1)(　　)命令可以用于配置 CentOS 7 启动时自动配置 Httpd 服务。

A. service　　B. ntsysv

C. useradd　　D. startx

(2)Apache 服务器默认的工作方式是(　　)。

A. inetd　　B. xinetd

C. standby　　D. standalone

(3)在 CentOS 7 中手工安装 Apache 服务器时,默认的 Web 站点的目录为(　　)。

A. /ect/httpd　　B. /avr/www/html

C. ect/home　　D. /home/httpd

(4)用户的主页存放的目录由文件 httpd. conf 的参数(　　)设定。

A. UserDir　　B. Directory

C. public_html　　D. DocumentRoot

(5)下面(　　)不是 Apache 基于主机的访问控制指令。

A. allow　　B. deny

C. order　　D. all

3. 简答题

(1)简要说明在 Linux 平台下安装与启动 Apache 服务器的方法及使用的命令。

(2)Apache 主配置文件主要包括哪 3 个部分,各自的主要功能是什么?

(3)Web 服务器的虚拟主机配置有哪 3 种途径?

项目七　VSFTP 服务器配置与应用

FTP(File Transfer Protocol)是一种客户端/服务器架构的通信协议,在两台主机间传递文件时,其中一台必须作为服务器运行 FTP 服务器软件如 VSFTP 等,而另一台则需要执行 FTP 客户端程序如 IE 浏览器或者 FTP 命令。

某高校组建校园局域网,为了使网中的计算机用户能便利地访问本地网络及 Internet 上的内部文件资源,需要在校园网中架设 FTP 服务器,用来提供文件上传下载。

- 了解 FTP 协议
- 理解 FTP 的工作原理
- 掌握 VSFTP 服务器的配置
- 实践典型的 VSFTP 服务器案例

7.1　背景知识

在互联网诞生初期,FTP 就已经被应用在文件传输服务上,而且一直是文件传输服务的主角,FTP 服务一直占有初期互联网最大的数据流量。FTP 服务的一个非常重要的特点是其实现可以独立于平台,即在 Linux、Windows 等操作系统中都可以实现 FTP 的服务应用。尽管目前已经普遍采用 HTTP 方式传送文件,但 FTP 仍然是跨平台直接传送文件的主要方式。通过 FTP 传输文件要比使用其他协议(如 HTTP)更加有效、可靠、稳定。

7.1.1　FTP 与 VSFTP

文件传输协议 FTP 顾名思义是文件传输使用的通信协议,在 OSI 参考模型中属于应用层协议。它具有交互式访问、稳定的传输机制(使用的 TCP 20,21 端口分别负责数据传输和过程控制)、安全的身份验证机制等优点使得 FTP 服务在互联网的应用日新月异。

VSFTPD 全称为 Very Secure FTP Daemon,即“非常安全的 FTP 服务器”,因为安全性比较高,能够使系统免受常见的网络攻击,VSFTPD 在单机上支持 4000 个并发用户同时连接,VSFTPD 最大可以支持 15000 个并发用户。因此已经成为现在非常普及应用的 FTP 服务器。

7.1.2 安装 VSFTPD 服务器

打开系统终端,在终端输入命令:yum install vsftpd,实现快速在线安装 VSFTPD 软件包。

```
# yum  install  vsftpd
```

7.1.3 VSFTPD 服务器配置

在进行 VSFTPD 服务器配置管理时,主要凭借它的主配置文件/etc/vsftpd. conf,其中包含许多重要的设置项目,建议在终端使用 man 命令查看 VSFTPD 配置文件的帮助文档,以发挥 VSFTPD 强大的功能和安全特性。配置文件的每一行都表示一个命令,如果以"#"开头,则属于批注文本,会被服务器忽略,命令格式为:选项 = 设置值,注意等号两边不能有空白,常用设置选项参考表 7-1。

表 7-1 VSFTPD 目录结构

VSFTPD 目录	目录注释
/etc/pam. d/vsftpd	PAM 认证文件
/usr/sbin/vsftpd	vsftpd 的可执行文件
/etc/init. d/vsftpd	启动脚本
/etc/vsftpd/vsftpd. conf	主配置文件
/etc/vsftpd. chroot_list	用户列表文件

(1)VSFTPD 服务器的启动、停止和重启方法

```
#systemctl start vsftpd
#systemctl restart vsftpd
#systemctl stop vsftpd
```

(2)测试 VSFTPD 服务器

在完成安装、设置和启动步骤后,可在终端通过 telnet 命令登录到 VSFTPD 服务器上的 21 端口,测试 VSFTPD 服务是否正确启动,参看以下示例:

```
#telnet 10.102.1.49 21
Trying 10.102.1.49...
Connected to 10.102.1.49.
Escape character is'^]'.
220(vsFTPd 2.2.2)...
```

(3)VSFTPD 目录结构

VSFTPD 目录结构比较简单,配置文件和执行文件都比较简洁,分别列表如表 7-1 所示,可在终端用[yum searchevsftpd]查看。VSFTPD 匿名用户的主目录要通过/etc/passwd 来查看,也可在终端以[finger ftp]命令查看。

(4)FTP 服务的使用者

一般来说,访问 FTP 服务的用户需要经过认证后才能登录,然后方能下载上传远程服务器上的文件资源。根据 FTP 服务器服务的对象不同可以将 FTP 服务的使用者分为 3 类:本地用户、虚拟用户(Guest)和匿名用户。

如果用户在远程 FTP 服务器上拥有登录系统的账号,用户为本地用户。本地用户可以通过输入自己的账号和密码来进行授权登录。当授权访问的本地用户登录 FTP 系统后,其登录目录一般限定为用户自己的主目录,本地用户既可以下载又可以上传。

如果用户在远程 FTP 服务器上拥有账号,且此账号只能用于文件传输服务,则称此用户的账号为虚拟用户或 Guest 用户。虚拟用户可以通过输入自己的账号和密码来进行授权访问。当授权访问的虚拟用户登录系统后,其登录目录为其指定的目录。

如果用户在远程 FTP 服务器上没有账号,则称此用户为匿名用户。若 FTP 服务器提供匿名访问功能,则匿名用户可以通过输入匿名账号(anonmous 或 ftp)来进行访问。

⑤VSFTP 常用命令

在 Linux 和 Windows 环境下都可以通过命令终端的形式来访问 FTP 服务器,下面是访问 FTP 服务器的常用命令列表,如表 7-2 所示。

表 7-2　VSFTPD 常用命令及参数说明

命　令	说　明
? |help[cmd]	显示 FTP 内部命令 cmd 的帮助信息,如:help get
open host[port]	建立指定 FTP 服务器连接,可指定连接端口
close	中断与远程服务器的 FTP 会话(与 open 对应)
mkdirdir-name	在远程主机中建一目录
size file-name	显示远程主机文件大小,如:site idle 7200
get remote-file[local-file]	将远程主机的文件 remote-file 传至本地硬盘的 local-file
mget remote-files	传输多个远程文件
put local-file[remote-file]	将本地文件 local-file 传送至远程主机
mput local-file	将多个文件传输至远程主机
delete remote-file	删除远程主机文件
mdelete[remote-file]	删除远程主机上的多个文件
rmdirdir-name	删除远程主机目录
status	显示当前 FTP 状态
bye/quit	退出 FTP 会话过程

7.2　项目解决方案与实施

任务 1　创建虚拟系统局域网

Linux 服务器配置项目如下:

①用 Vmware 虚拟机软件,创建如图 7-1 所示的工作组,Win7 可以用复制的方法创建,Linux 要求全新安装。

②虚拟机中硬盘为 40G,根分区为 10G,/var 分区为 10G,其他空间加载到/home 分区。IP 地址为 192.168.1.20/24,root 用户密码为 zjipc@123456,新建系统用户 a1,密码为 zjipc@123456。

③配置 FTP 服务器。要求匿名用户家目录为/test;系统用户登录 FTP 服务器时,锁定家目录;允许 root 用户登录 FTP 服务器。

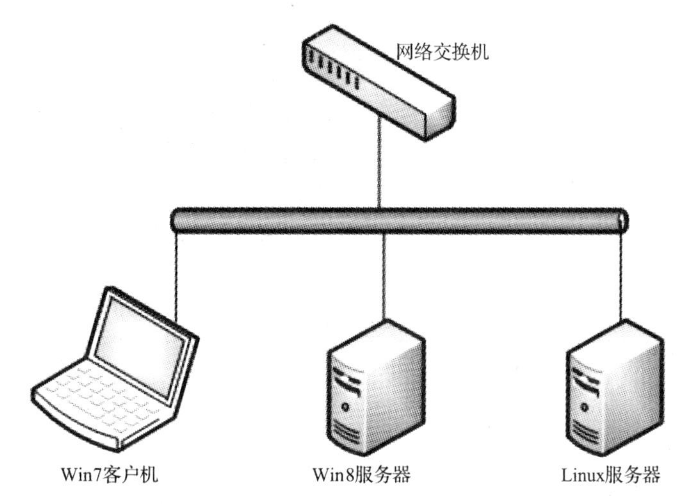

图 7-1 虚拟系统局域网示意图

1)用户添加和 IP 地址设定

```
[root@ ~]#useradd a1
[root@ ~]#passwd a1                //随后两次输入密码 zjipc@123456
[root@ ~]#setup                    //设置静态 IP 地址的入口
```

2)VSFTPD 服务器的配置

(1)VSFTPD 的安装

在默认的情形下,Linux 并不会安装 VSFTP 服务器软件包(vsftpd),因此可在线安装:

```
[root@ ~]#yum install vsftpd
```

(2)启动 VSFTP 服务

```
[root@ ~]#systemctl  startvsftpd
[root@ ~]#systemctl  stopvsftpd
```

3)配置 FTP 匿名用户访问/test;系统用户访问锁定家目录;允许 root 用户访问 FTP 服务器

①创建 FTP 工作目录及登录 FTP 用户:

```
[root@ ~]#mkdir  /test                   //创建匿名用户 FTP 工作目录
[root@ ~]#touch  /test/ftp-anon-test //创建 FTP 匿名用户测试文件
[root@ ~]#chkconfig-level 35 vsftd on //设置 FTP 随系统启动
[root@ ~]#chmod  555  -R  /test
```

②在/etc/vsftpd/vsftpd.conf 主配置文件中修改、添加如下几项：

```
[root@ ~]#gedit  /etc/vsftpd/vsftpd.conf
local_enable = yes                        //允许本地用户登录
anonymous_enable = YES
anon_root = /test
write_enable = YES
local_umask = 022                         //FTP 上本地的文件权限,默认是 077
dirmessage_enable = YES                   //切换目录时,显示目录下.message 的内容
xferlog_enable = YES                      //激活上传和下传的日志
connect_from_port_20 = YES
listen = yes                              //独立监听 VSFTPD 服务
chroot_local_user = YES
pam_service_name = vsftpd                 //验证方式
userlist_enable = YES
tcp_wrappers = YES
```

③配置允许 root 登录。

修改 user_list 文件：

```
[root@ ~]#vim  /etc/vsftpd/user_list
......
```

修改 ftpusers 文件：

```
[root@ ~]#vim  /etc/vsftpd/ftpusers
......
```

注意：以上两个文件的修改是将这两个文件里面 root 的那一行前面加#注释去掉或者删除。

④配置好后要保存的主配置文件,重启 VSFTPD 服务器。

```
[root@ ~]#systemctl  restartvsftpd
```

注意：做到这里可以开始测试啦！可以自由选择下面的测试方法进行测试。

3)测试 VSFTPD 服务器

(1)在终端匿名用户功能测试(在虚拟机 CentOS 终端)

```
[root@ local]#yum install ftp  //安装 FTP 工具
[root@ local]#ftp 192.168.1.20
Connected to 192.168.1.20.
220(vsFTPd 2.0.5)
Name(192.168.1.20:root):david
331 Please specify the password.
Password:
230 Login successful.
```

```
ftp > ls
227 Entering Passive Mode (192,168,1,20,201,151)
-rw--------    10         0              0 May 18 06:21 davidftptest
226 Directory send OK.
ftp > put/home/david/Desktop/test  test
150 Ok to send data.
226 File receive OK.
[root@ localhost ~ ]#ftp 192.168.1.20
Connected to 192.168.1.20.
220(vsFTPd 2.0.5)
530 Please login with USER and PASS.
Name(192.168.1.20:root): root
331 Please specify the password.
Password:          //这里为 CentOS 7 的系统用户 root 的密码
230 Login successful.
Using binary mode to transfer files.
ftp > ls
227 Entering Passive Mode (192,168,1,20,142,86)
150 Here comes the directory listing.
drwxr-xr-x  11 0        0      4096 May 22 01:05 Desktop
-rw--------   1 0        0      1224 May 16 18:58 anaconda-ks.cfg
-rw-r--r--    1 0        0     33078 May 16 18:58 install.log
......
226 Directory send OK.
[root@ localhost ~ ]#ftp 192.168.1.20
Connected to 192.168.1.20.
......
Name (192.168.1.20:root): anonymous
331 Please specify the password.
Password:          //这里不需要输入密码
230 Login successful.
ftp > ls
227 Entering Passive Mode (192,168,1,20,208,159)
150 Here comes the directory listing.
-rw-r--r--    1 0        0         0 May 18 06:13 ftptest
226 Directory send OK.
ftp > quit
221 Goodbye.
```

(2)使用图形界面工具测试 FTP 连接

①打开 Linux 系统的"资源管理器"(在左下侧)→"连接到服务器",测试匿名用户功能,如图 7-2 所示。

注意:使用 ifconfig 命令查看自己的 IP 地址,终端命令如图 7-2 所示。

```
[root@ ~]#ifconfig
```

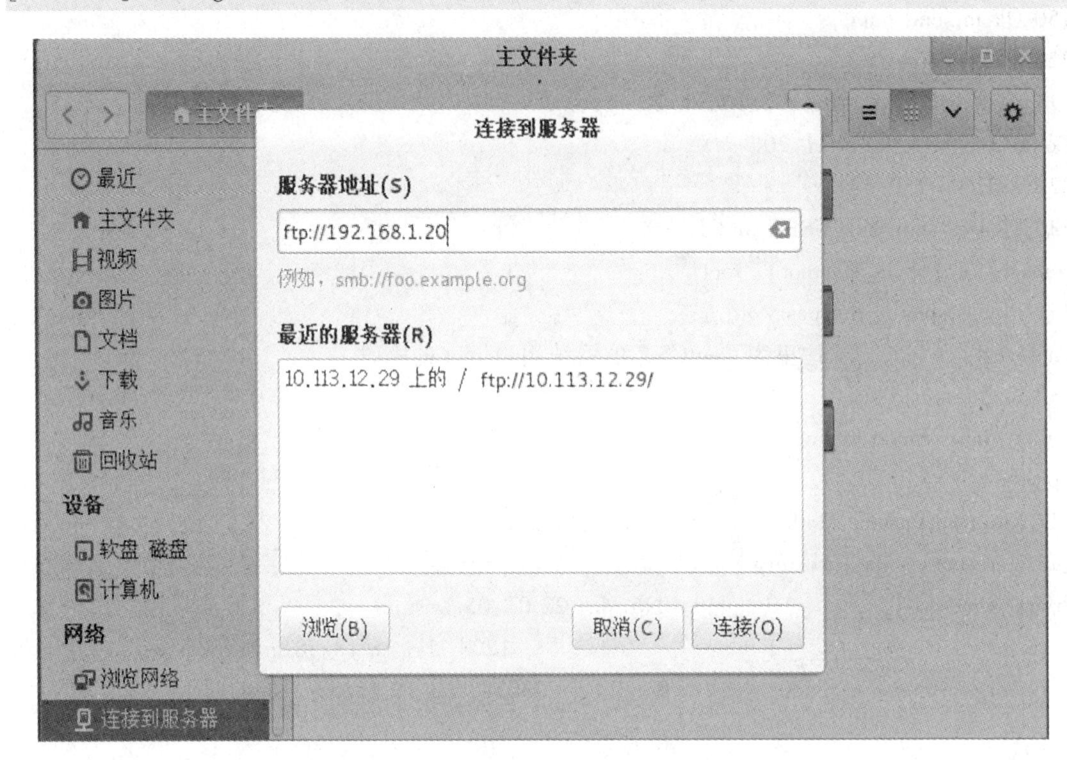

图 7-2　VSFTP 图形界面测试

任务 2　搭建 FTP 服务器

某高校为了服务广大师生,计划搭建 FTP 服务器,为师生提供相关文档的下载。提出对所有互联网用户开放共享目录,允许下载相关学习资源,禁止上传;校内的教师能够使用 FTP 服务器进行上传和下载,但不可删除数据。并且为保证服务器的稳定性,要求适当优化设置。

根据学校的需求,对于不同用户进行不同的权限限制,FTP 服务器需要实现用户的审核。而考虑服务器的安全性,所以关闭实体用户登录,使用虚拟账户验证机制,并对不同虚拟账号设置不同的权限。为了保障服务器的性能,根据用户的等级限制客户端的连接数以及下载速度。

1)安装 VSFTPD 服务器

```
[root@ server ~]#yum install vsftpd
......
```

已安装:vsftpd. x86_640:3.0.3-9. el7

2)创建用户数据库

step 1:创建用户文本文件。

首先建立用户文本文件 ftpuser. txt,添加两个虚拟账户,公共账户 ftpu,教师账户 tvip。如下所示。

```
[root@ server ~ ]#mkdir  /var/ftpuser
[root@ server ~ ]#cd  /var/ftpuser
[root@ server ~ ]#vi  ftpuser. txt     //编辑 ftpuser. txt 文件,内容如下:
ftpu
123456
tvip
123456
```

step 2:生成数据库。

使用 db_load 命令生成 db 数据库文件,如下所示:

```
[root@ server ~ ]#db_load  -T  -t hash -f/var/ftpuser/ftpuser. txt  /var/ftpuser/ftpuser. db
[root@ server  ~ ]#ls
ftpuser. db  ftpuser. txt    //查看生成的 ftpuser. db 数据库
```

step 3: 修改数据库文件访问权限。

为了保证数据库文件的安全,需要修改该文件的访问权限,如下所示:

```
[root@ server  ~ ]# chmod 700/var/ftpuser/ftpuser. db
[root@ server ~ ]#ll/var/ftpuser       //查看 ftpuser. db 文件的权限
```

3)配置 PAM 文件

修改 VSFTP 对应的 PAM 配置文件/etc/pam. d/vsftpd,如下所示:

```
[root@ server ~ ]#vi/etc/pam. d/vsftpd
#% PAM-1.0
auth   required   pam_userdb. so   db = /var/ftpuser/ftpuser
account   required   pam_userdb. so   db = /var/ftpuser/ftpuser
```

注意:这个配置文件其他的内容可以都删除掉,“db =/var/…”两边不能有空格,VSFTPD配置文件最后空一行。

```
[root@ server ~ ]#ldd/usr/sbin/vsftpd
libpam. so. 0 = >/lib64/libpam. so. 0(0x00007faca1f49000)  //查看 PAM 模块安装
```

4)创建虚拟账户对应系统用户

对于公共账户和教师账户,因为需要配置不同的权限,所以可以将两个账户的目录进行隔离,控制用户的文件访问。公共账户 ftpu 对应系统账户 ftpuser,并指定其主目录为/var/ftp/share,而教师账户 tvip 对应系统账户 ftpvip,指定主目录为/var/ftp/tvip。

```
[root@ server ~ ]#mkdir-p/var/ftp/share
[root@ server ~ ]#useradd-d/var/ftp/shareftpuser
[root@ server ~ ]#chownftpuser. ftpuser/var/ftp/share
[root@ server ~ ]#chmodo = r/var/ftp/share①
[root@ server ~ ]#mkdir-p/var/ftp/tvip
[root@ server ~ ]#useradd-d/var/ftp/tvipftpvip
[root@ server ~ ]#chownftpvip. ftpvip/var/ftp/tvip
[root@ server ~ ]#chmodo = rw/var/ftp/tvip②
```

其后有序号的两行命令功能说明如下：

①公共账户 FTP 只允许下载，修改 share 目录其他用户权限为 read，只读。

②教师账户 tvip 允许上传和下载。所以对 tvip 目录权限设置为 read 和 write，可读写。

5）建立配置文件

设置多个虚拟账户的不同权限，若一个配置文件无法实现该功能，就需要为每个虚拟账户建立独立的配置文件，并根据需要进行相应的设置。

step 1：编辑修改/etc/vsftpd/vsftpd. conf。

```
[root@ server ~ ]#gedit   /etc/vsftpd/vsftpd. conf
```

配置 vsftpd 主配置文件 vsftpd. conf，添加虚拟账号的共同设置，并添加 user_config_dir 字段，定义虚拟账号的配置文件目录，如下所示：

```
anonymous_enable = NO
anon_upload_enable = NO
anon_mkdir_write_enable = NO
anon_other_write_enable = NO
local_enable = YES
chroot_local_user = YES
listen = YES
pam_service_name = vsftpd①
user_config_dir = /var/ftpconfig②
max_clients = 300③
max_per_ip = 10④
```

以上文件中其后带序号的几行代码的功能说明如下：

①配置 VSFTP 使用的 PAM 模块为 VSFTPD。

②设置虚拟账号的主目录为/ftpconfig。

③设置 FTP 服务器最大介入客户端数量为 300。

④每个 IP 地址最大链接数为 10。

step2：建立虚拟账号配置文件：

设置多个虚拟账号的不同权限，若使用一个配置文件无法实现此功能，需要为每个虚拟账号建立独立的配置文件，并根据需要进行相应的设置。

在 user_config_dir 指定路径下，建立与虚拟账号同名的配置文件并添加相应的配置字段。

首先创建公共账号 FTP 的配置文件,如下所示:

```
[root@ server ~ ]#mkdir   /var/ftpconfig
[root@ server ~ ]#vi/var/ftpconfig/ftpu
guest_enable = YES①
guest_username = ftpuser②
anon_world_readable_only = YES③
anon_max_rate = 30000④
local_root = /var/ftp/share
```

以上文件中其后带序号的几行代码的功能说明如下:

①开启虚拟账号登录。

②设置 FTP 对应的系统账号为 ftpuser。

③配置虚拟账号全局可读,允许其下载数据。

④限定传输速率为 30kB/s。

同理设置 ftpvip 的配置文件:

```
[root@ server ~ ]#vi/var/ftpconfig/tvip
guest_enable = YES
guest_username = ftpvip①
anon_world_readable_only = NO②
write_enable = YES③
anon_upload_enable = YES④
anon_max_rate = 60000⑤
local_root = /var/ftp/tvip
```

以上文件中其后带序号的几行代码的功能说明如下:

①设置 tvip 账户对应的系统账户为 ftpvip。

②关闭匿名账户的只读功能。

③允许在文件系统使用 FTP 命令进行操作。

④开启匿名账户的上传功能。

⑤限定传输速度为 60kB/s

6)关闭或配置 SELinx 防火墙

```
[root@  ~ ]#systemctl   stopiptables
[root@  ~ ]#systemctl   stopfirewalld
[root@  ~ ]#systemctl   status firewalld      //查看 Firewalld 状态
[root@  ~ ]#systemctl   statusiptables
[root@  ~ ]#setenforce0                       //在系统运行状态下关闭 SELinux
```

并编辑/etc/sysconfig/selinux 如下:

```
//永久关闭 SELinux
#This file controls the state of SELinux on the system.
SELINUX = disabled
......
```

7)启动 VSFTPD

```
[root@ server ~ ]#systemctl   startvsftpd   //service vsftpd restart
[root@ server  ~ ]#systemctl status vsftpd. service-l
[root@ server  ~ ]#journalctl-xn
[root@ server  ~ ]#tail   /var/log/messages
```

8)测试

在终端访问 ftp 测试过程中出现:"500 OOPS: vsftpd refusing to run with writable root inside chroot( ) login failed…"这里需要给工作目录权限进行修改:

```
[root@ server ~ ]#chmod555   tvip
[root@ server ~ ]#chmod 555 share
```

由于新版本的 VSFTPD 不允许 chroot 的目录具有写权限,所以为了实现上传的功能,需要在 tvip 目录下再创建一级目录作为上传用:

```
[root@ server ~ ]#cd/var/ftp/tvip
[root@ server ~ ]#mkdir upload
[root@ server ~ ]#chownftpvip. ftpvip upload
[root@ server ~ ]#chmod 755 upload
```

①先使用公共账户 ftpu 登录服务器,可以浏览下载文件,但上传文件时会提示错误。

②使用教师账号 vip 登录,vip 账号具备上传权限,上传"puttest. tar. gz 文件",如图 7-3 所示,测试成功。

```
[root@ allan01 ftp]#systemctl restart vsftpd
[root@ allan01 ftp]#ftp 10.113.12.29
Connected to 10.113.12.29 (10.113.12.29).
220(vsFTPd 3.0.2)
Name(10.113.12.29:root):ftpu
331 Please specify the password.
Password:
230 Login successful.
Remote system type is UNIX.
Using binary mode to transfer files.
ftp > ls
227 Entering Passive Mode (10,113,12,29,221,149).
150 Here comes the directory listing.
-rw-r--r--    1 0        0            0 Jan 26 03:08 pftptest
226 Directory send OK.
```

图 7-3 VSFTP 上传文件成功

③但若用该账户删除文件时会返回 550 错误提示，则表明无法删除文件。

7.2 VSFTP 服务器故障诊断

与其他服务器相比，VSFTP 服务器也相对简单，但是一些常见的错误会造成用户无法实现对 FTP 服务器的访问。这里笔者尝试简单对常见错误进行分类处理。

故障 1："500 OOPS：could not bind listening IPv4 socket."在连接 VSFTP 的时候报错：

```
[server@ david]#telnet 10.99.0.20 21
Trying 10.99.0.20...
Connected to 10.99.0.20
......
500 OOPS: could not bind listening IPv4 socket
Connection closed by foreign host.
```

解决方法：

关闭 Standlone 模式，启用 Xinet 模式。

故障 2："530 This FTP server is anonymous only."

按照解决故障 1 的方法，telnet 是可以登录了，但是直接用 FTP 命令登录却有问题了。用 FTP 命令连接 FTP 服务器：

```
[server@ root]# ftp 10.99.0.20
Connected to 10.99.0.20
220(vsFTPd 2.0.4)
User(192.168.149.128:(none)):david
530 This FTP server is anonymous only.
Login failed.
ftp >
```

提示 FTP 服务器只能匿名登录了。

解决方法：

(1)停止 xinted 服务。

```
[server@ root]#servicexinetd stop
```

Shutting down xinetd:　　　　　done

(2)修改 vsftpd 配置。

编辑/etc/vsftpd. conf 文件:

找到#local_enable = YES,去掉注释;

找到#listen = YES,去掉注释;

增加 listen_port = 21 这一行配置。

(3)启动 VSFTPD。

```
[server@ root]##service vsftpd start
```

Starting vsftpd　　　　done

(4)测试 FTP 连接成功。

故障 3:拒绝账户登录(错误提示:OOPS 无法改变目录)的解决方法:

这类错误主要是 FTP 工作目录权限设置错误,访问的账户需要拥有该目录的执行权限,请使用 chmod 命令添加"X"执行权限。

如果目录权限设置正确,需要检查 SELinux 配置,考虑使用 setsebool 命令,禁用 SELinux 的 FTP 传输审核功能。

```
[server@ root]#setsebool  -p  ftpd_disable_trans  1
```

然后重新启动 VSFTPD 服务,故障应该可以解决。

故障 4:账户登录失败。

解决方法:

账户登录失败,往往涉及身份认证及其他一些登录设置。若密码错误,请重新使用正确的密码,若密码无误,仍然无法登录 FTP 服务器时,很可能是 PAM 模块中的 VSFTPD 的配置文件错误引起的。检查 auth 字段,它主要是接收用户名和密码并对其进行认证,检查account 字段,它负责检查是否允许账户登录系统,确保这两个字段配置正确。

练习题

1. 填空题

(1)为便于用户访问 FTP 服务,可以使用公用的用户名即________用户访问,不需要使用密码。

(2)FTP 服务即是________服务,VSFTP 的英文全称是________________。

(3)FTP 服务器的常用工作模式是____________________和____________________。

(4)FTP 服务器工作时,服务器的端口________负责建立连接,端口________负责数据传输。

(5)FTP 服务器上传文件的命令是________;下载文件的命令是________。

2. 选择题

(1)修改 VSFTP 服务器主配置文件的(　　)可实现 VSFTPD 服务器独立启动。

A. listen = NO　　B. listen = YES

C. #listen = YES　　D. local_enable = YES

(2)以下(　　)不是 VSFTP 服务器的用户类型。

A. anonymous　　B. localuser

C. guest　　D. users

(3)在 Intelnet 最常用获取文件资源的服务应该是(　　)。

A. DNS　　B. FTP

C. telnet　　D. www

(4)在 VSFTP 服务器开启匿名用户访问的选项是(　　)。

A. anonymous_enable = YES

B. anon_root = YES

C. anon_uplaod_enable = YES 1

D. ftp_user = YES

(5)VSFTP 服务器开启使用 PASV 模式的选项是(　　)。

A. pasv_enable = YES

B. pasv_min_port = YES

C. pasv_address = YES

D. port_enable = YES

3. 简单题

(1)简要说明在 CentOS 下安装和卸载 VSFTPD 服务器的操作命令。

(2)简述 VSFTPD 工作原理。

(3)简述 FTP 两种工作模式区别及联系。

项目八　防火墙配置与应用

Firewall 提供了支持网络/防火墙区域(zone)定义网络链接及接口安全等级的动态防火墙管理工具。它支持 IPv4、IPv6 防火墙设置及以太网桥接,并且拥有运行时配置和永久配置选项。它也支持允许服务或者应用程序直接添加防火墙规则的接口。Firewall daemon 动态管理防火墙,不需要重启整个防火墙便可应用更改。因而也就没有必要重载所有内核防火墙模块了。不过要使用 Firewall daemon,就要求防火墙的所有变更都要通过该守护进程来实现,以确保守护进程中的状态和内核里的防火墙是一致的。

项目描述

某高校为了应对愈演愈烈的网络攻击现象,准备架设防火墙来保护学校内的服务器和局域网。经过讨论,领导决定使用 Iptables 作为防火墙。需要实现以下目标:

①禁用无用的端口访问。

②开放 Web、FTP、Mail 服务。

- 了解防火墙的工作原理
- 掌握 Firewall 的配置与应用
- 掌握运用 Iptables 技巧

8.1　背景知识

8.1.1　防火墙的定义

防火墙(Firewall)是指在本地网络与外界网络之间的一道防御系统,是这一类防范措施的总称。防火墙是在两个网络通信时执行的一种访问控制尺度,它能允许“被同意”的人和数据进入用户的网络,同时将“不被同意”的人和数据拒之门外,最大限度地阻止网络中的黑客来访问用户的网络。

以“防火墙”这个来自建筑行业的名称来命名计算机网络的安全防护系统,显得非常恰当,因为两者之间有许多相似之处。

首先,从建筑学来说,防火墙必须用砖石材料、钢筋混凝土等非可燃材料建造,并且应直接砌筑在建筑物基础或钢筋混凝土的框架梁上。如开门窗时,必须用非燃烧体的防火门窗,以切断一切燃烧体。而在计算机系统上,防火墙本身需要具有较高的抗攻击能力,应设置于系统和网络协议的底层,访问与被访问的端口必须设置严格的访问规则,以切断一切规则以外的网络连接。

其次,在建筑学上,建筑物的防火安全性,是由各相关专业和相应设备共同保证的。而在计算机系统上,防火墙的安全防护性能是由防火墙、用户设置的规则和计算机系统本身共同保证的。

另外在建筑学上,原有的材料和布置的变化,将使防火墙失去作用,随着时间的推移,一些经过阻燃处理的材料,其阻燃性也逐步丧失。在计算机系统上也是如此,计算机系统网络的变化,系统软硬件环境的变化,也将使防火墙失去作用,而随着时间的推移,防火墙原有的安全防护技术开始落后,防护功能也就慢慢地减弱了。

8.1.2 防火墙的功能

防火墙最基本的功能就是隔离网络,通过将网络划分成不同的区域(通常情况下称为zone),制定出不同区域之间的访问控制策略来控制不同区域间传送的数据流。例如互联网是不可信任的区域,而内部网络是高度信任的区域。

8.1.3 防火墙的缺陷

正常状况下,所有互联网的数据包软件都应经过防火墙的过滤,这将造成网络交通的瓶颈。例如在攻击性数据包出现时,攻击者会不时寄出数据包,让防火墙疲于过滤数据包,而使一些合法数据包软件亦无法正常进出防火墙。

防火墙虽然可以过滤互联网的数据包,但却无法过滤内部网络的数据包。因此若有人从内部网络攻击时,防火墙也起不了作用。

而电脑本身的操作系统亦可能因一些系统漏洞,使入侵者可以利用这些漏洞绕过防火墙过滤,从而入侵电脑。防火墙无法有效阻挡病毒攻击,尤其是隐藏在数据中的病毒。

8.1.4 防火墙发展历史

第一代防火墙技术几乎与路由器同时出现,采用了包过滤技术。1989 年,贝尔实验室的 Dave Presotto 和 Howard Trickey 推出了第二代防火墙,即电路层防火墙,同时提出了第三代防火墙——应用层防火墙(代理防火墙)的初步结构。

1992 年,USC 信息科学院的 BobBraden 开发出了基于动态包过滤(dynamic packet filter)技术的第四代防火墙,后来演变为目前所说的状态监视(stateful inspection)技术。1994 年,以色列的 CheckPoint 公司开发出了第一个采用这种技术的商业化的产品。1998 年,NAI 公司推出了一种自适应代理(adaptive proxy)技术,并在其产品 Gauntlet Firewall for NT 中得以实现,给代理类型的防火墙赋予了全新的意义,可以称之为第五代防火墙。

8.1.5 Iptables 简介

说到 Iptables 就不得不一起提到 netfilter。netfilter 模块运行在内核空间(kernelspace),是内核的一部分,由一些信息包过滤表组成,这些表包含内核用来控制信息包过滤处理的规则集。Iptables 组件是一种工具，其运行在用户空间(userspace)，它使插入、修改和除去信息包过滤表中的规则变得容易。

Iptables 通过控制 Linux 内核的 netfilter 模块，来管理网络数据包的移动与转送，因此，相关动作需要用到超级用户的权限。目前 Iptables 系在 2.4、2.6 及 3.0 的内核底下运作，旧版的 Linux 内核(2.2)使用 ipchains 及 ipwadm(Linux 2.0)来达成类似的功能，2014 年 1 月 19 日发布的新版 Linux 内核(3.13)则使用 nftables 取而代之。

8.1.6 Firewalld 简介

Net-filter 是 Linux 的一种防火墙机制。而 Firewalld 是一个在网络区域(networks zones)的支持下动态管理防火墙的守护进程。早期的 RHEL 版本和 CentOS 6 使用 Iptables 这个守护进程进行数据包过滤。而在 RHEL/CentOS 7 中，Iptables 将被 Firewalld 取代。

由于 Iptables 可能会在未来的版本中消失，所以建议从现在起就考虑使用 Firewalld 来代替 Iptables。但现行版本仍然支持 Iptables，而且还可以用 yum 命令来安装。可以肯定的是，在同一个系统中不能同时运行 Firewalld 和 Iptables，否则可能引发冲突。在 Iptables 中需要配置 INPUT、OUTPUT 和 FORWARD CHAINS。而在 Firewalld 中新引入了区域(zones)这个概念。默认情况下，Firewalld 中就有一些有效的区域，这也是我们这里将要讨论的关键内容。

基础区域如同公共区域(public zone)和私有区域(private zone)。为了让作业在这些区域中运行，需要为网络接口添加特定区域(specified zone)支持，好让我们往 Firewalld 中添加服务。默认情况下就有很多生效的服务。Firewalld 最好的特性之一就是，它本身就提供了一些预定义的服务，而我们可以以这些预定义的服务为模版，复制之以添加到我们自己的服务中。

Firewalld 还能很好地兼容 IPv4、IPv6 和以太网桥接。在 Firewalld 中，我们可以有独立的运行时间和永久性的配置。查看一下 Iptables 是否正在运行。如果是，需要用以下命令来 stop 和 mask(不再使用)Iptables。

```
# systemctl status iptables
# systemctl stop iptables
# systemctl mask iptables
```

进行 Firewalld 配置之前，先讨论一下区域这个概念。默认情况就有一些有效的区域。我们需要网络接口分配区域。区域规定了区域是网络接口信任或者不信任网络连接的标准。区域包含服务和端口。接下来让我们讨论 Firewalld 中那些有用的区域。在 Firewalld 中使用了区域的概念，默认已经定义了几个区域，如图 8-1 所示。

数据包要进入内核必须通过这些区域中的一个，而不同的区域里定义的规则是不一样的(即信任度不一样，过滤的强度也不一样)。可以根据网卡所连接的网络的安全性来判断，这张网卡的流量到底使用哪个区域，如图 8-2 所示，来自 eth0 的流量全部使用优生信任区域的过滤规则，eth1 的流量使用公共区域的过滤规则。一张网卡同时只能绑定到一个区域。默认的几个区域(由 Firewalld 提供的区域)按照从不信任到信任的顺序排序：

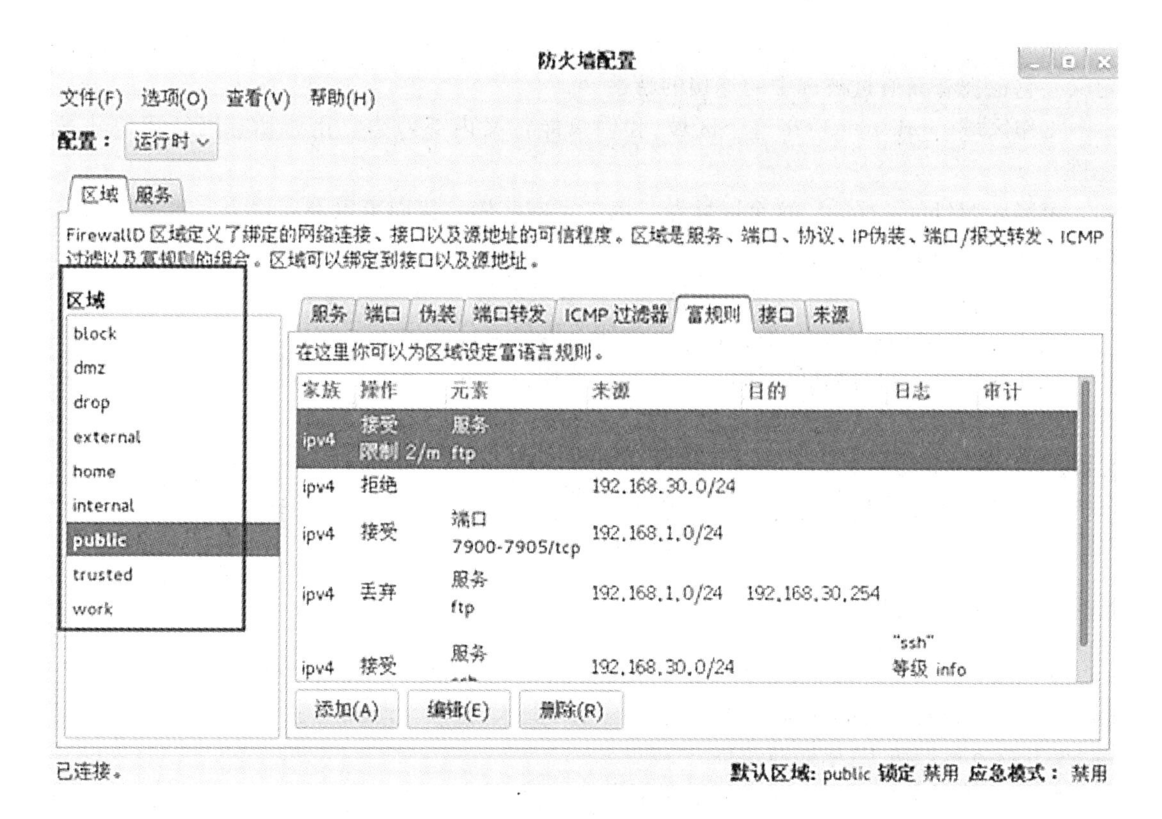

图 8-1 Firewall 默认定义的区域

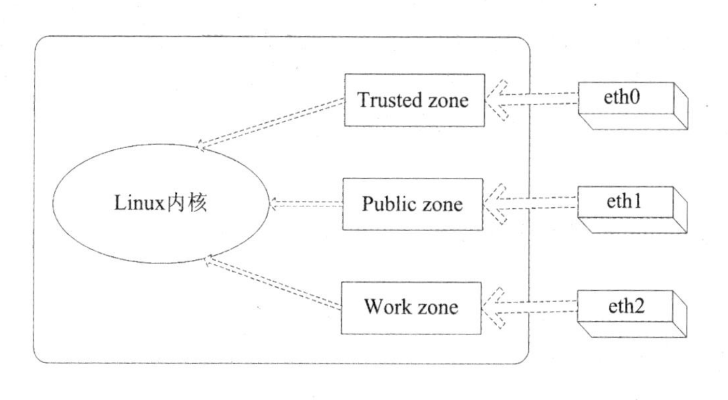

图 8-2 Firewall 区域与接口连接

丢弃区域(drop zone)：如果使用丢弃区域，任何进入的数据包将被丢弃。这个类似与我们之前使用的 iptables-j drop。使用丢弃规则意味着将不存在响应，只有流出的网络连接有效。

阻塞区域(block zone)：阻塞区域会拒绝进入的网络连接，返回 icmp-host-prohibited，只有服务器已经建立的连接会被通过。

公共区域(public zone)：只接受那些被选中的连接，而这些通过在公共区域中定义相关规则实现。服务器可以通过特定的端口数据，而其他连接将被丢弃。

外部区域(external zone)：这个区域相当于路由器的启用伪装(masquerading)选项。只有指定的连接会被接受，而其他连接将被丢弃或者不被接受。

隔离区域(DMZ zone):如果想要只允许部分服务器能被外部访问,可以在 DMZ 区域中定义。它也拥有只通过被选中的连接的特性。

工作区域(work zone):在这个区域,我们只能定义内部网络。比如私有网络通信才被允许。

家庭区域(home zone):这个区域专门用于家庭环境。我们可以利用这个区域来信任网络上其他主机不会侵害你的主机。它同样只允许被选中的连接。

内部区域(internal zone):这个区域与工作区域类似,只通过被选中的连接。

信任区域(trusted zone):信任区域允许所有网络通信通过。

现在我们对区域有很好的认识了,让我们使用以下的命令来找出有用的区域、默认区域并列出所有的区域吧。

```
# firewall-cmd --get-zones            //找出有用的区域
# firewall-cmd --get-default-zone     //找出默认区域
# firewall-cmd --list-all-zones       //列出所有的区域
```

8.1.7 NAT 简介

NAT 英文全称是 Network Address Translation,中文意思是网络地址转换,允许一个整体机构以一个公用 IP 地址出现在 Internet 上。顾名思义,它是一种把内部私有网络地址(IP 地址)翻译成合法网络 IP 地址的技术。

这个功能最常见的地方就是我们在家里的宽带上网,本来一家只能让一台电脑上网,因为一次拨号只会被分配一个 IP 地址,但是通过无线路由器,我们的手机等设备也能上网。此时无线路由器就使用了 NAT 功能,将连上 Wifi 的设备的 IP 转换成了拨号连接获得的那个 IP 地址,这样我们的手机才能上网。以上是大致的原理。NAT 还可以分为 SNAT 和 DNAT 等,DNAT 是修改目的 IP 地址,SNAT 就是修改来源 IP 地址。

8.2 项目解决方案与实施

任务 1 Firewalld 配置实践

1)安装 Firewalld 组件

①Firewalld 组件在 RHEL/CentOS 7 系统中默认已经安装了。如果没有,也可以使用如下 yum 命令进行安装。

```
#yum install firewalld
```

②安装完毕,查看一下 Iptables 是否正在运行。如果是,需要用以下命令来停止 Iptables 服务。

```
# systemctl status iptables
# systemctl stop iptables
# systemctl mask iptables
```

2)列示区域

```
# firewall-cmd --get-zones                //找出有用的区域
# firewall-cmd --get-default-zone         //默认区域
# firewall-cmd --list-all-zones           //列出所有的区域
```

3)设置默认区域

①如果你想设置默认区域像 internal、external、drop、work 或者其他区域,可以使用下面的命令来设置。这里以设置 internal 做默认区域为例。

```
# firewall-cmd --set-default-zone = internal
```

②设置完毕,使用下面命令核实默认区域。

```
# firewall-cmd --get-default-zone
```

4)查看区域绑定的接口

```
# firewall-cmd --get-zone-of-interface = eth0    //我们这里使用的接口是 eth0
```

5)让 eth0 接口加入某个区域

```
# firewall-cmd --add-interface = eth0
# firewall-cmd --get-zone-of-interface = eth0
```

6)在 Firewalld 里添加一个端口

```
# firewall-cmd --add-port = 80/tcp
# firewall-cmd --query-port = 80/tcp
```

7)查看某个区域里开启了哪些服务、端口、接口

```
#firewall-cmd --zone = public-list-all
```

8)改变 eth0 所在的区域,比如改到 external

```
# firewall-cmd --zone = external-change-interface = eth0
# firewall-cmd --get-zone-of-interface = eth0
```

9)关闭某个区域的某个服务

```
# firewall-cmd --zone = home-remove-service = http
```

10)给某个区域开启某个服务

```
#firewall-cmd --zone = home-add-service = http
#firewall-cmd --zone = home-query-service = http
```

任务2　Iptables 配置实践

1) 启用 Iptables

CentOS 7 提供了好几个防火墙——Iptables、Firewalld、Ebtables。但是这几个服务如果同时开启，将会产生冲突，所以我们需要停止并禁用其他两个防火墙服务：

```
$ sudo systemctl stop firewalld ebtables
$ sudo systemctl disable firewalld ebtables
```

启用 Iptables 防火墙并设置为开机启动：

```
$ sudo systemctl start iptables
$ sudo systemctl enable iptables
```

2) 了解 Iptables 的基本概念

Iptables 这个单词本身就包含了 table（表格，桌子）这个单词，加了 s 说明有多个表格。事实上也正是如此。Iptables 维护好几个内置的表格，最常用也最常见的有这两个：filter 和 nat。这些表格对应着不同的功能，他们按照顺序又存放了好多规则。

规则可以有很多条，所以需要将他们组织起来。table 按照不同规则的用途来将不同规则放到一起，比如 nat 表就是专门存放用来做转发的规则的。

可是光有 table 还不够。一个数据包在传输过程中还能分成好几个阶段，为了更加细致地设定规则，又提出了链（chain）这个概念。比如一个数据包是从本机发往外部，为了处理这个往外发送的数据包，我们需要用到 filter 表的 output 链的规则。

所以总结起来就是，Iptables 包含了不同功能的表（tables），表又包含了代表不同阶段的链（chains）。最后链才包含了具体的一条条的规则（rules）。

最后来讲讲规则的组成。每条规则都包含一个条件和一个目标（target）或者称为动作。处理一个数据包时，判断该数据包是否满足规则的条件。如果满足就执行该动作，否则拿下一条规则来继续进行判断。如果所有规则都不满足，那么按照默认的政策（policy）里的动作来执行操作。这里简单列举一下这些目标，见表 8-1。

表 8-1　Iptables 目标动作选项

目标名	动　作
ACCEPT	接收数据包，允许通过
REJECT	拒绝数据包，并返回错误信息
DROP	拒绝数据包，不返回任何信息
LOG	记录到日志文件

Iptables 一般使用命令行来配置。但由于其功能强大，所以语法有些复杂。但是只要理解其中的规则，发现规则其实很简单。为了对 Iptables 有更形象的概念，这里举一个简单的例子，首先我们来创建一个脚本：

```
$ emacs ~/rules. sh
#! /bin/bash
//清空所有规则
iptables-P INPUT ACCEPT
iptables-P OUTPUT ACCEPT
iptables-P FORWARD ACCEPT
iptables-F

//此处添加自定规则


//修改默认策略
iptables-P INPUT ACCEPT
iptables-P OUTPUT ACCEPT
iptables-P FORWARD ACCEPT

exit
```

大部分时候，配置 Linux 服务器都是远程操作的，而对防火墙规则的修改是立即生效的。要是编辑防火墙规则失误，会导致直接掉线，这个时候只能打电话求助机房管理员或者亲自跑到机房了。所以最好先将默认的策略设置成允许，这样清空所有规则之后才不会有掉线的危险，添加规则的时候不要忘了放行你访问远程程序使用的端口。

为什么要创建脚本来添加规则呢？事实上，一般配置 Iptables 就是把原来的规则全部删掉然后重新添加规则。因为 Iptables 的拦截效果跟规则的顺序是直接相关的，往往直接追加新规则到原有规则的最后是不合适的。

所以一般来说，会直接将全部规则清空，然后再将需要加入的规则与原来的规则合并并调整好顺序再重新加入。如果规则数量比较多（一般来说的确比较多），使用 Shell 脚本就是个比较好的选择。只需要将所有规则都收集到一个脚本文件里，以后要插入新规则时，只要将其添加到合适的位置后执行一下该脚本就可以了（记得先清空）。之后按“M” - “x” “shell”来调出一个 Shell，执行下面的命令：

```
$ cd                          //确保处于家目录
$ chmod + x rules. sh         //使该脚本文件可执行
$ sudo ./rules. sh            //执行该脚本文件
```

如果没有任何输出，说明以上命令没出错，现在你的主机对网络上的其他主机来说是完全开放的。这很危险。为了证明这一点，我们在 Shell 中执行：

```
$ nc-l 8080
```

这条命令是让 nc 这个程序监听 8080 端口，如果有其他程序访问此端口，nc 即与其建立一个 tcp 连接 Linux 系统，禁止普通用户使用 1024 以下的端口号，因为那些端口号一般是提供给系统服务的，如果一定要使用则需要 root 权限。如图 8-3 所示。

```
[along@localhost ~]$ nc -l 8080
GET / HTTP/1.1
Accept: text/html, application/xhtml+xml, */*
Accept-Language: zh-CN
User-Agent: Mozilla/5.0 (Windows NT 6.3; WOW64; Trident/7.0; rv
Accept-Encoding: gzip, deflate
Host: 10.113.12.18:8080
Connection: Keep-Alive

█
```

图 8-3　监听 8080 端口

然后，请你旁边的同学使用他的电脑上的浏览器访问你的主机 IP(假设是 192.168.1.11)，在浏览器的地址栏里输入 http://192.168.1.11:8080，之后看看你的 Shell 里出现了什么。

这些数据其实就是浏览器每次访问网页都会向该网页所在服务器发出的请求报头，只不过用户一般看不到罢了。同时，该页面应该一直处于载入中状态，是因为浏览器正等待服务器返回数据。

如果你的 Shell 能显示出这些东西，说明你的主机确实是开放的。我们再在这个 Shell 里随便输入一些东西，再按下回车键和“C” - “d”，你会发现 nc 这个程序被结束了，而那个浏览器里也显示出了刚刚我们输入的内容，同时页面已经载入完毕，网页标签上不停转动的圈圈已经消失了。其实这就是我们上网浏览网页的原理。那么下面我们来添加一条规则，来禁用 8080 端口，让你的同学无法通过 8080 端口访问你的主机。按“C” - “x” “b”来切换回 rules.sh 这个缓冲区，我们在那两行注释中添加下面这条命令：

```
iptables-A INPUT-p tcp--dport 8080-j REJECT
```

按“C” - “x” “C” - “s”保存，然后切换回 Shell，执行：

```
$ sudo ./rules.sh
$ nc-l 8080
```

再让你的同学访问一下你的主机。如果你发现你的 Shell 中迟迟没有出现之前的那些内容，而浏览器的页面在加载了一段时间后显示连接已断开(或者类似页面无法打开的消息，因浏览器而异)，说明已经成功禁用了 8080 这个端口。将 rules.sh 脚本里的 REJECT 再修改成ACCEPT，并重新执行脚本之后，Shell 里出现了报头，浏览器又能成功访问了。我们还可以试试改成 DROP 会怎么样。

这个例子非常直观地展示了 Iptables 的作用，下面从左到右来分析一下这条命令：

-A，是-append 参数的简写，意思是在最后追加一条规则。用脚本编辑规则，-A 几乎每次都要写上。

INPUT，是链的名字，它属于 filter 这个表。表用-t 或者--table 参数指定，这里没写是因为 filter 是默认的表。默认的表是 filter，因为这个表几乎可以完成所有常用的防火墙配置。INPUT 链，顾名思义，包含进入主机的数据的规则。

-p tcp，代表了数据使用的协议。要指定端口，必须同时指定使用的协议。这里因为是网页浏览,所以使用了 tcp 协议。

--dport 8080,目标端口是 8080。对于试图访问我们的电脑而言,我们主机上的端口是目标端口,目标即 destination。这里的 d 是该单词的首字母。由于该参数名超过了一个字母,所以前面用了两个短横线。最后的-j,指定了对符合该规则数据包的行为。

那么,将上面所述连起来就是:针对外来访问(即输入,INPUT 链)的数据,增加(Append)一条规则,只要其使用 tcp 协议(-p tcp)访问了本机的 8080 端口(--dport 8080),即拒绝(-j REJECT)该数据包。看到这里,你应该对于如何使用 Iptables 作为防火墙有了一个清晰的认识了。

3)Iptables 的基本命令与参数

Iptables 的主要命令就是 iptables,说它复杂是因为有许多参数。下面我们来学习 Iptables的参数。首先是查看防火墙规则:

```
$ sudo iptables-nvL[-t 表格名]
Chain INPUT (policy ACCEPT)
target     prot opt source               destination
ACCEPT     all  --  anywhere             anywhere            state RELATED,ESTAB-
LISHED
ACCEPT     icmp --  anywhere             anywhere
ACCEPT     all  --  anywhere             anywhere
ACCEPT     tcp  --  anywhere             anywhere            state NEW tcp dpt:ssh
REJECT     all  --  anywhere             anywhere            reject-with icmp-host-pro-
hibited

Chain FORWARD (policy ACCEPT)
target     prot opt source               destination

Chain OUTPUT (policy ACCEPT)
target     prot opt source               destination
```

-L,其实是--list 参数的简写。

-n,参数代表不对 IP 地址进行反查,可以提高规则显示的速度。

-v,会输出详细信息,包含通过该规则的数据包数量、总字节数及相应的网络接口。

-t,是--table 的简写,后可加上指定的表格名,默认是 filter 表,还有 nat 表等。

上面显示的命令还不够详细,更详细的规则可以加上-v 参数或者用下面这个命令来查看:

```
$ sudo iptables-save
```

第一次配置防火墙的时候,我们需要将原来的所有规则全部清空:

```
$ sudo iptables-F
$ sudo iptables-X
$ sudo iptables-Z
```

-F,清除所有自定的规则。

-X,删除所有自定的表和链。

-Z,将所有链的计数与流量统计都清零。

修改表的默认策略:

```
$ sudo iptables-P INPUT|OUTPUT|FORWARD DROP|ACCEPT|LOG[-t 表名]
```

①匹配指定 IP:

```
iptables-s <IP 地址>
```

-s,是--source 或者--src 的简写,指来源 IP。根据数据包的流向,如果是从外进入的数据包,那么这里的来源 IP 是指外网的 IP。如果是从本机发出或者转发的,那么源 IP 是指自己的 IP(可能是本机其他网卡上的不同 IP)或者转发来自内网的 IP。

既然有来源,那么对应的就有目的 IP 了,这里的目的 IP 用-d 参数指定,其是--destination 或者--dst 的简写。

IP 地址除了可以填写指定的单个确定 IP,还能写成 IP/掩码这样的网段形式,比如 192.168.1.0/24;如果需要匹配除了该 IP 以外的所有 IP,可以在 IP 之前加上!,即:-s! 192.168.1.0/24。

②匹配指定端口:

```
iptables-p tcp--dport <端口数或范围>
```

端口需要和-p 参数即协议类型同时使用,因为 tcp 协议和 udp 协议需要指定端口,dport 里面的 d 也是目的的意思。因为该数据是其他主机发往本机的,所以对于那台发送数据的主机来说,本机是它的目的主机,本机的端口自然就成了它的“目的端口”;同理,还有来源端口——sport;如果需要指定范围,请用冒号连接,如 10000:11000。

③匹配指定网络接口:

```
iptabels-io <网络接口>
```

这里的网络接口一般就是网卡名。

在服务器上,多网卡很普遍,而且也会接在多个网络上,所以按照网络接口来处理数据包也是有必要的,如何查看本机上有哪些网络接口? 使用 ip a 即可,跟在序号后的就是网络接口的名字。一般来说,至少会有一个 lo 接口和 eth0 接口。

④匹配封包状态:

```
iptables-m state--state <状态类型>
```

这里的状态类型有:

INVALID:无效的封包,例如数据不完整的。

ESTABLISHED:代表已经成功和外部建立了连接。

NEW:正要建立连接时。

RELATED:这个最常用,代表这个封包跟我们主机发出的数据有关。

⑤匹配 MAC 地址:

```
iptables-m mac--mac-source <MAC 地址>
```

这个一般用于局域网,只有局域网里的封包才包含 MAC;局域网中一台电脑的 IP 可以变换,但是 MAC 是改变不了的。

上面提到的参数,如果没有在规则中出现,就是代表什么都可以的意思。比如,如果没有指定来源 IP,那么就是说,来自任何 IP 都符合条件。

4)插入、修改和删除规则

前面讲过,规则多的话可以使用脚本来统一管理规则,但是学会如何在命令行下使用命令来修改规则同样是必需的。

这些操作需要规则的序号。可是如果规则一多,一条一条去数会很麻烦。只要添加--line这个参数就可以:

```
$ sudo iptables-nL--line
```

这样一来,输出的命令前面就会加上序号了。插入规则:

```
iptables[ -t <表名> ]-I <链名> <序号> <规则>
```

在序号表示的规则之前插入新规则,默认是第一条规则。

请记住:-I 是默认插入第一条的位置,-A 是默认添加到最后一条的位置,有一个记忆的方法:大写字母 I 很像数字 1。

修改规则:

```
iptables[ -t <表名> ]-R <链名> <序号> <新规则>
```

新规则其实不用完整的规则,只要修改需要的地方就可以。

删除规则:

```
iptables[ -t <表名> ]-D <链名> <序号>
```

5)规则的导出、导入与保存

Iptables 的规则的修改虽然能立即生效,但是重启后规则就会消失。此时我们需要有方法让其保存下来:

```
$ sudo/etc/init. d/iptables save
```

但是当执行该命令的时候会提示找不到命令,原因是 CentOS 7 移除了 init. d 里面几乎所有命令。查找原因可以看看该目录下的 README 文件。为了重新得到该命令我们需要:

```
$ sudo cp/etc/libexec/iptables/iptables. init/etc/init. d/iptables
```

我们还可以导出规则:

```
$ sudo iptables-save[ -c ][ -t <表名> ] > ~/rules
```

-c,可以同时保存数据包和字节计数器的值。

-t,如果不指定,将默认保存所有表。

导入规则:

```
$ sudo iptables-restore[ -c ][ -n ] <  ~/rules
```

-c,加上此参数将还原数据包和字节计数器的值。

-n,表示不要覆盖已有的表和规则。

6) 实现 NAT 服务器

最简单的 NAT 就是仅仅让内网电脑能够上网罢了，但是这也是最基本、最常用的需求。想象一下，当内网通过 NAT 服务器时发生了什么？假设我们的网络结构拓扑图如图 8-4 所示。

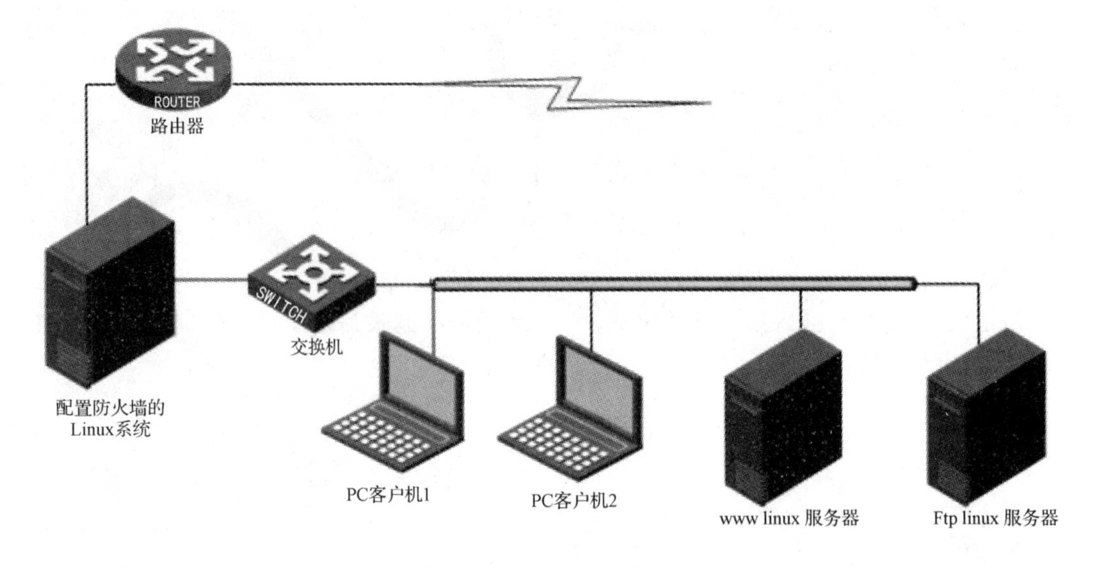

图 8-4　NAT 网络结构拓扑图

该服务器的第一张网卡与外网相连，IP 地址为 192.168.1.100，并且设置其网关为 192.168.1.1。第二张网卡与一交换机相连，其 IP 地址为 192.168.2.254，设置其网关为 192.168.2.254。然后交换机上再连接几台主机。将其中的一台主机的 IP 地址设置成 192.168.2.100，网关设置为 192.168.2.254。这些网卡的网络掩码都是 255.255.255.0。

内网的主机上的浏览器先发送一个报头（就像我们在任务 1 里面那个例子里看到的一样），组成这个报头的封包从 NAT 服务器的一张网卡进入，然后从 NAT 服务器的另一张网卡出去，再发送给了目的主机。

第一张网卡是连接内网的，第二张网卡是连接到外网的，有一个合法的 IP。Iptables 经过路由判断，发现封包的来源 IP（内网地址）和目的 IP（网站主机的地址）不是同一网段，所以无法直接传送，所以将其路由到了第二张网卡处，为了不让服务器主机发觉其 IP 地址不合法，所以将来源 IP 修改成了第二张网卡的 IP，然后再将该封包的序列号存在内存中。

NAT 服务器其实也算一个路由器，不过 NAT 服务器不像普通的路由器一样仅仅是转发封包，NAT 服务器还修改封包中的数据。此时，这些封包的来源 IP 已经是 NAT 服务器对外的那个网卡的 IP 地址，网站的主机收到这个封包后也只会认为这个请求是 NAT 服务器发起的，而不知道其实是内部局域网中的主机。这其实是 SNAT，即修改了的来源（source）的 NAT。

NAT 服务器所做的就是这些。当再接收到返回的封包时，再将这些封包（根据序号判断是之前 SNAT 过的封包返回的封包）的目的 IP 修改成内网那个发出请求的主机的 IP（不过这个过程是自动完成的），然后再根据路由判断，将封包转发给了另一张网卡。最后那些封

包被送到了内网那部对应的主机上,这样处于内部的主机就能够上网了。那么,如何实现呢?首先要打开路由转发功能:

```
$ sudo sysctl-w net. ipv4. ip_forward = 1
```

以上方法重启之后就会失效,永久的设置方法是修改/etc/sysctl. conf 文件中的 net. ipv4. ip_forward 参数,将其变成 1 即可。

然后在那个脚本文件中添加这条命令:

```
iptables-t nat-A POSTROUTING-s 192.168.2.0/24-o em1-j MASQUERADE
```

这个 MASQUERADE 就是伪装的意思,是将源 IP 改为-o 指定的那块网卡地址,也就是 SNAT。

最后,我们分别在 NAT 服务器上打开网页,然后再在内部主机上打开网页,如果都能打开的话,就说明 NAT 服务器搭建成功。

8.3 防火墙项目实战与应用

在这里我们准备实现以下项目目标:

①禁用无用的端口访问。

②开放 Web、FTP 服务。

8.3.1 禁用无用端口访问

要实现这一点很简单,只要将默认的传入策略设置成 DROP 即可:

```
iptabels-P INPUT-j DROP
```

甚至为了更加安全,还可以将传出策略也设置成 DROP,不过这样就要多出好多额外的规则以放行其他服务。

8.3.2 开放 Web 服务

由于这些服务器是放在防火墙后面的,同时这个防火墙还是个 NAT 服务器,所以需要设置端口转发。Web 服务的默认端口是 80:

```
iptables-t nat-A PREROUTING-p tcp--dport 80-o em1-j DNAT--to192.168.2.10:80
```

8.3.3 开放 FTP 服务

什么服务需要什么端口,同理,就可以写一条类似的命令了。但是 FTP 服务比较特殊。它不仅仅使用一个端口,它既有传输命令的端口(一般是 20 和 21),也有传输文件的端口(任意端口),还有主动模式和被动模式。

但是,Iptables 无法对任意端口进行设置。我们只能修改 FTP 的配置文件,让其使用指定的传输端口范围,由于每个 FTP 软件的配置方法不一样,这里就不写了。这里我们使用 2020 - 2121 这个端口范围来传输数据。

下面列出完整的命令:

iptables-t nat-A PREROUTING-p tcp--dport 20-o em1-j DNAT--to 192.168.2.10

iptables-t nat-A PREROUTING-p tcp--dport 21-o em1-j DNAT--to 192.168.2.10

iptables-t nat-A PREROUTING-p tcp--dport 2020:2121-j DNAT--to 192.168.2.10

//当防火墙接收到有访问端口 21/20/2020 - 2121 的请求时都将其目的 IP 更改成 192.168.2.10

iptables-t nat-A POSTROUTING-d 192.168.1.254-p tcp--dport 21-j SNAT--to 192.168.2.254

iptables-t nat-A POSTROUTING-d 192.168.1.254-p tcp--dport 20-j SNAT--to 192.168.2.254

iptables-t nat-A POSTROUTING-d 192.168.1.254-p tcp--dport 2020:2121-j SNAT--to 192.168.2.254

//当有发往 192.168.2.10 端口为 21/20/50000-60000 的数据包时，都将数据包中的源 IP 更改成 192.168.2.254

iptables-A FORWARD-o em1-p tcp-d 192.168.2.10--dport 21-m state--state NEW,ESTABLISHED,RELATED-j ACCEPT

iptables-A FORWARD-o em1-p tcp-d 192.168.2.10--dport 20-m state--state NEW,ESTABLISHED,RELATED-j ACCEPT

iptables-A FORWARD-o em1-p tcp-d 192.168.2.10--dport 2020:2121-m state--state NEW,ESTABLISHED,RELATED-j ACCEPT

//从防火墙 em1(防火墙内网接口)端口发出的，目的地址为 192.168.2.10，目的端口为 21/20/202-2121 的数据包，当状态为 NEW,ESTABLISHED,RELATED 都容许通过

iptables-A FORWARD-i em1-p tcp--sport 21-s 192.168.0.241-m state--state ESTABLISHED,RELATED-j ACCEPT

iptables-A FORWARD-i em1-p tcp--sport 20-s 192.168.0.241-m state--state ESTABLISHED,RELATED-j ACCEPT

iptables-A FORWARD-i em1-p tcp--sport 2020:2121-s 192.168.0.241-m state--state ESTABLISHED,RELATED-j ACCEPT

//从防火墙 em1 端口进入的，源 IP 地址为 192.168.0.241，源端口为 21/20/2020-2121 的数据包，当状态为 ESTABLISHED,RELATED 都容许通过

练习题

(1)简要说明 Firewall 中 zone 的概念，并列举至少 6 个 Firewall 定义的 zone。

(2)简述防火墙的概念及工作原理。

(3)简要说明配置 Firewall 的基本工具有哪些并指出优缺点。